U0192152

城乡规划与设计案例解析

Case Analysis of Urban and Rural Planning and Design

李慧 张颖 杜锐 李颜颐 主编

中国建筑技术集团有限公司
中国建筑科学研究院有限公司 组织编写

中国建筑工业出版社

图书在版编目（CIP）数据

城乡规划与设计案例解析 = Case Analysis of Urban and Rural Planning and Design / 中国建筑技术集团有限公司，中国建筑科学研究院有限公司组织编写；李慧等主编 .—北京：中国建筑工业出版社，2023.12（2024.11重印）
ISBN 978-7-112-29395-7

Ⅰ.①城… Ⅱ.①中… ②中… ③李… Ⅲ.①城市规划—建筑设计—案例—中国 Ⅳ.① TU984.2

中国国家版本馆CIP数据核字（2023）第241088号

责任编辑：张文胜
责任校对：张　颖
校对整理：董　楠

城乡规划与设计案例解析
Case Analysis of Urban and Rural Planning and Design

中国建筑技术集团有限公司
中国建筑科学研究院有限公司　组织编写
李　慧　张　颖　杜　锐　李颜颐　主编
*
中国建筑工业出版社出版、发行（北京海淀三里河路 9 号）
各地新华书店、建筑书店经销
北京海视强森文化传媒有限公司制版
北京中科印刷有限公司印刷
*
开本：787 毫米 × 1092 毫米　1/16　印张：$12^3/_4$　字数：239 千字
2024 年 1 月第一版　2024 年 11 月第二次印刷
定价：**158.00** 元
ISBN 978-7-112-29395-7
（41936）

指导委员会

主　任：尹　波

副主任：余湘北　狄彦强　李小阳　石　磊　刘羊子

编写委员会

主　　编：李　慧　张　颖　杜　锐　李颜颐

副 主 编：刘寿松　高识涵　黄　亮　卓　然　王　淼　廖　宁　石　野

参编人员：饶承东　白建波　梁　倩　王占江　刘政伯　尹烁然　宋　铮
肖　杨　赵龙波　张　迪　倪紫依　尹烁然　何琪琪　祝凯鸣
汤旭东　张丽娟　谷　峰　荣　高　叶红英　曹　雨　朱　阔
张红磊　赵　旭　谢琪熠　徐振山　陈佳昱　郭庆文　郑　波
李广海　呼日勒图力古日　王　芝　刘文杰　周　星　陈兴太
肖　允　赵　越　冷　娟　廉雪丽　刘　芳　狄海燕　曹思雨
李小娜　翁　宇　李小龙　叶　云　谭乐群　刘海涛　吴俊豪
杨丽君　陈巍巍　周芷琦　罗　琼　徐　涛　周　茜　符静芸
谢微峰　谭　林　李虎威　胡晶晶　梁　栋　黄　斌　朴太虎
刘　曦　王海军　王卫容　陈长安　唐　红　茱丽莎　刘　炜
孟海磊

组织单位：中国建筑技术集团有限公司
中国建筑科学研究院有限公司

总序

中国经济进入新常态，城市发展方式随之转变，当前建筑行业面临的机遇和挑战并存。

一方面，随着城市化进程的推进以及政府对行业利好政策的加持，建筑行业持续保持稳定的发展态势。当下，转型升级是建筑业的主旋律，大力发展绿色低碳建筑，稳步推广装配式建造，加大建筑新能源应用，积极推进城市有机更新为建筑行业提供了广阔的发展前景；随着信息化技术的发展，建筑行业迎来了数智化转型机遇，BIM 技术、云计算、物联网、互联网 +、人工智能、数字孪生、区块链等对建筑业的发展带来了深刻广泛的影响，成为推动建筑业转型发展的核心引擎。同时，随着中国建筑企业实力的不断增强，以及“一带一路”倡议的推进，越来越多的中国建筑企业走出国门，参与国际市场竞争，为建筑行业提供了全球化的发展空间和机会。

另一方面，在过去几十年中，大规模的基础设施建设和城市化进程已基本满足市场需求，城市空间资源逐渐紧张，建筑行业进入存量发展阶段，市场份额减少、盈利难度增加、过度竞争与资源浪费，不断挤压着建筑企业的生存空间。与此同时，随着人们对精神需求的重视、生活方式的改变、节能环保意识的提高，对建筑设计行业提出了更高要求，如何在保障建筑质量的基础上综合考虑功能性、舒适性、环保性等诸多因素，打造出让老百姓住得健康、用得便捷的“好房子”，成为建筑行业亟待解决的问题。

建筑规划设计要走创新发展之路，以不断提高建筑的质量和性能，满足现代社会的需求，需要从多个方面进行探索和实践：应注重可持续发展，采用可再生能源和节能技术，提高建筑的环境友好性和可持续性；结合新兴技术，借助数字化赋能，对建筑设计进行优化和预测，提升设计效率和质量，同时通过智能化管理提高建筑运营效率；将以人为本的理念融入建筑设计，关注、尊重人的需求与特性，提升建筑的舒适度和便捷性；在建筑设计中融入地域、文化、传统等要素，和而不同，设计出独特而多元化的建筑作品。

中国建筑技术集团有限公司成立于 1987 年，系央企中国建筑科学研究院有限公司控股的核心企业。历经三十多年的发展，依托品牌与技术优势，已经成长为一家覆盖规划、勘察、设计、施工、监理、咨询、检测等业务的全产业链现代化综合型企业。项目遍及全国各地，作品得到社会各界的赞誉，历年来所获各类奖项不胜枚举。作为建筑领域的“国家队”，中国建筑技术集团有限公司肩负着引领中国建筑业创新发展的使命，通过加强技术创新和管理提升，不断提高核心竞争力来适应市场需求的变化。当前，策划推出的建筑规划设计案例解析系列图书，旨在梳理近些年建筑规划设计项目的最新成果，分享实践经验，总结技术要点及发展趋势，以期推动建筑行业健康可持续发展。

此次出版的案例解析系列图书包含四册，分别为《城市综合体建筑设计案例解析》《文体教育类建筑设计案例解析》《科研办公类建筑设计案例解析》《城乡规划与设计案例解析》，凝聚了几百位建筑师、工程师的设计理念与创新成果，通过对上百个案例的梳理，从不同专业角度进行了深入剖析。其中不乏诸多对新技术、新产品的运用，对绿色低碳设计理念和设计手段的践行。

通过实际落地的优秀设计案例分享，带读者了解建筑设计中那些精妙的建筑语言、设计理念、设计细节，以全视角探寻设计师的内心世界，为建筑行业从业者和广大读者提供参考资源。相信本系列图书的出版将会进一步推动我国勘察设计行业的创新发展，为我国未来建筑业的高质量发展做出应有贡献。

中国建筑科学研究院有限公司党委书记、董事长

序

每个城市都有自己的历史文化与风貌特色，城乡规划与设计是在用现代的方式对城乡历史风貌进行不同的呈现，这是一种对生活的诠释，一种对历史的尊重。

随着经济社会的快速发展和城市化进程的加速，我国城乡建设逐渐进入了存量发展阶段，为完善空间规划体系、集约利用土地资源，同时统筹区域发展、生态文明建设，我国创新性地提出建立国土空间规划体系、推动城市更新、推进乡村振兴等。为了让城乡空间更好地为人类服务，需要基于存量建设指标的控制，以现代社会需求为基底，通过规划设计对城乡空间布局做适当调整和创新应用。在讨论规划设计时，目光不应聚焦于单一建筑，而是应转向场所的整体化效果。需要深入研究和理解现有城乡空间结构、形态和功能，重新审视城乡的独特性质和风貌特色；建立城市－建筑－景观－室内一体化设计思维；从空间、文化、时间三个维度探讨城乡发展战略、功能定位、产业布局、交通组织，赋予空间多元化功能，实现空间的开放性转变；以文化引领城乡空间的绿色更新，提炼场所精神融入场所营造，保护城乡聚落遗存、民族记忆与共同历史，探索人文环境与自然生态的平衡，赋予城乡空间更多的活力，在“文绿融合”的同时吸引知识经济附着。同时，还应结合宏观、微观与老百姓实实在在的生活思考城市，让建筑和景观回归对生活质量的追求和对环境的重视，做好接地气的城市建设，在充分发掘土地存量的同时，统筹兼顾发展增量、品质增量。

随着时代发展，人们对生活品质的要求与对空间环境人性化的追求更加强烈，使规划设计面临着对规划原则重新解读的挑战，也要求规划设计对生活中的重要元素进行重新深入思考，并在未来的城市规划和建筑设计中做出相应的调整。因此，有必要通过对不同尺度的规划案例进行解读和探讨，研究城市发展与更新的模式，建立城乡规划体系整体性、系统性思维，构建城市更新规划体系从宏观到微观逐级传导的机制，探索适合中国国情的“城市－片区－建筑”多层次保护与更新的长期有效途径。同时，在实际规划案例中总结经验，有助于深入理解不同尺度下空间规划的特点和要求，解读空间规划的原理和方法，提高空间规划的合理性和科学性，从而更好地推动我国城乡空间的可持续发展。

本书在推动城乡协调发展、优化土地资源配置、提高生态环境质量等方面取得了丰硕的成果，所呈现的案例对城乡规划与设计工作具有很高的参考价值。案例既对接了国际前沿理论，如韧性城市、低碳生态等，又充分考虑了中国国情和项目所在地实际情况，同时覆盖了大型城市、中小型城市及乡镇，考虑经济高质量发展等多种视角，还涉及社会和人文层面，为读者们分享了不同规模、不同地域、不同文化背景的城乡规划与设计实践。案例的分析不仅展现了对当前城乡规划与设计的深度理解，还为未来城市的可持续发展和精细化更新提供了宝贵的视角，为推动国土空间规划工作的科学化、规范化提供有益的参考。

本书凝聚了一线工作的专业人士的设计理念与创新成果，连接了理论与实践，可为城乡规划领域的从业人员、研究学者及感兴趣的读者开拓视野，更有助于提高规划设计者的专业素养。我相信本书的出版将为国土空间规划体系的完善贡献重要理论和实践经验，为建设生态宜居、包容共享、活力舒适的城乡空间助力赋能！

张杰

全国工程勘察设计大师

清华大学建筑学院教授

北京建筑大学建筑与城市规划学院特聘院长

前言

为全面落实《中华人民共和国国民经济和社会发展第十四个五年规划和 2035 年远景目标纲要》，须加快建立健全统一的国土空间规划体系，加强各层级规划间的衔接协调，形成规划合力，在推动城乡融合发展中促进区域协调发展，全面推进乡村振兴，进一步提升城镇化发展质量。

城乡规划从诞生之初就奠定了以解决实际问题为核心的宗旨，无论是知识构成，还是方法体系，都有着十分强烈的应用科学持征。学科发展的轨迹在很大程度上受制于人们对城乡问题的认知水平和解决城乡问题的技术路线。因而，影响城乡规划发展的不仅在于自身知识体系的延展与完善，更取决于社会经济发展的客观需求，取决于从工程技术和公共管理等维度能够提供的技术可能性，其复杂性是显而易见的。当前，我国经济已由高速增长阶段转向高质量发展阶段，科技水平的进步日新月异，这些变化既对城乡规划设计提出了新课题、新挑战，也为其带来了新方法、新技术。

为推动城乡规划设计的理论与实践发展，本书编委会挑选出具有前瞻性的实际规划设计项目，编撰了《城乡规划与设计案例解析》一书，这既是对笔者过往城乡规划设计实践的一个全面总结，更是为推动规划设计理论不断精进贡献的微薄力量。所选项目力求根植于中国特色的文化基因，在积极借鉴和吸收当代国际先进理念和技术的同时，致力于推动实现“多规合一”，强化国土空间规划对各专项规划的指导约束，促进城市品质全面提升和乡村振兴，不断推进形成城乡统筹、协调发展的新局面。

本书从实际案例出发，涵盖总体规划、详细规划与城市设计、专项规划、发展规划、概念规划等项目类型。每个案例都介绍了背景情况、规划目标，并重点阐述其设计理念、规划设计方法、实施策略等。案例内容涉及城市发展规模预测、发展方向、产业策划、用地布局等，同时提出各项工程设施、控制引导措施，并附有案例的规划图、效果图或建成照片，透过多个视角彰显了设计的亮点，以期帮助读者理解案例的规划原理和设计方法，为规划设计工作提供实践经验和指导。在此基础上，与行业发展趋势保持紧密衔接，推动国土空间规划设计理念与方法创新。

本书是项目规划设计师、参编人员和审查专家集体智慧的结晶，在本书出版发行之际，诚挚地感谢长期以来对中国建筑技术集团有限公司提供支持的领导、专家及同行！书中难免存在疏忽遗漏及不当之处，恳请读者朋友批评指正。

本书编委会

2023 年 12 月

目录

CONTENT

总体规划

Master Plan 012—043

详细规划与城市设计

Detailed Planning and Urban Design 044—121

专项规划

Special Planning 122−173

发展规划

Development Planning 174−187

概念规划

Concept Plan 188−203

总体规划

Master Plan

来宾市三江口港产城新区总体规划

新疆生产建设兵团第七师一二三团总体规划及控制性规划

寿宁县南阳镇溪南村总体规划及美丽乡村规划

黎平县八舟河生态旅游区总体规划

四川省都江堰市灵岩山国际禅文化旅游风景区规划

灰汤温泉国家级旅游度假区总体规划

来宾市三江口港产城新区总体规划

01/ 项目概况

来宾市地处广西壮族自治区中部，紧邻柳州、南宁两大核心城市，北距柳州约65km，西南距南宁约140km，有“桂中腹地”之称。三江口新区位于来宾市东部，是桂中“金三角”核心，也是“西江黄金水道重要节点”和“南柳经济走廊重要节点”，区位优势明显。

来宾市三江口港产城新区涉及的研究范围包括兴宾区的高安乡、南泗乡，象州县的石龙镇、马坪镇，武宣县的金鸡乡、黄茆镇、二塘镇等乡镇，规划新区研究范围655.35km^2，规划范围131.43km^2。规划高铁、港口、陆路多式联运对外互联互通与新区建设管理模式发展，助推来宾高质量发展，弥补广西发展短板。

02/ 目标定位

全面对接粤港澳大湾区产业转移，力争将三江口新区建设成为以港口为基础、以临港产业为动力、以宜居品质为支撑，具有区域重要影响力的现代化港产城新区，努力打造：桂中新港城，来宾新高地。立足三江口新区的区位优势、资源优势、土地空间优势和基础交通优势，规划总体战略定位：广西内陆高质量开放合作试验区；打造承接东部产业转移新高地、港产城融合发展示范区、县域经济共建试验区、珠西经济带绿色发展示范区。

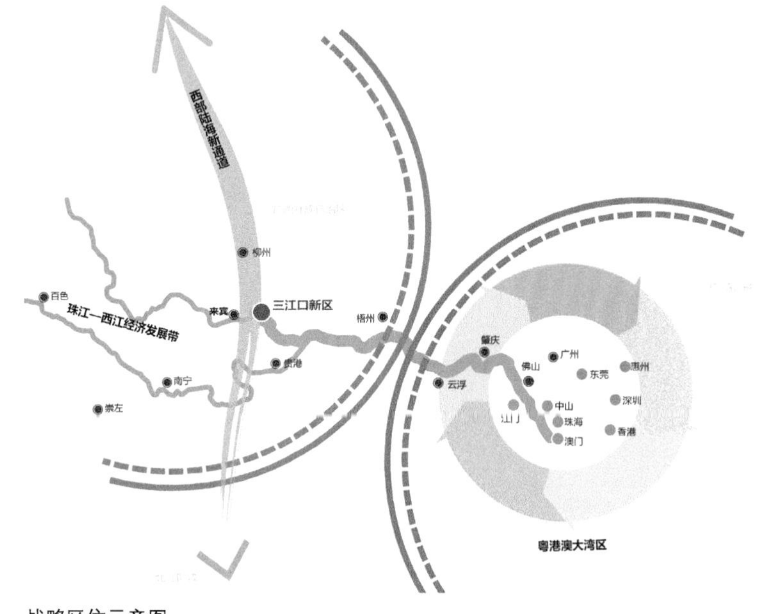

战略区位示意图

03/ 规划内容 & 技术创新

1. 大开大合空间结构

着眼于自然生态特质，以水为脉、绿为基、路为廊，形成大开的生态空间；以高度复合的产业功能组团形成大合的发展空间，构建一个中心、两大服务基地、三大生态轴线、五大生态廊道、六大组团的空间发展格局。

2.“三生”融合空间布局

以生态优先、绿色发展为理念，统筹生产、生活、生态三大空间，形成功能完善的组团式多中心空间结构，布局疏密有度、港城共融的发展空间。

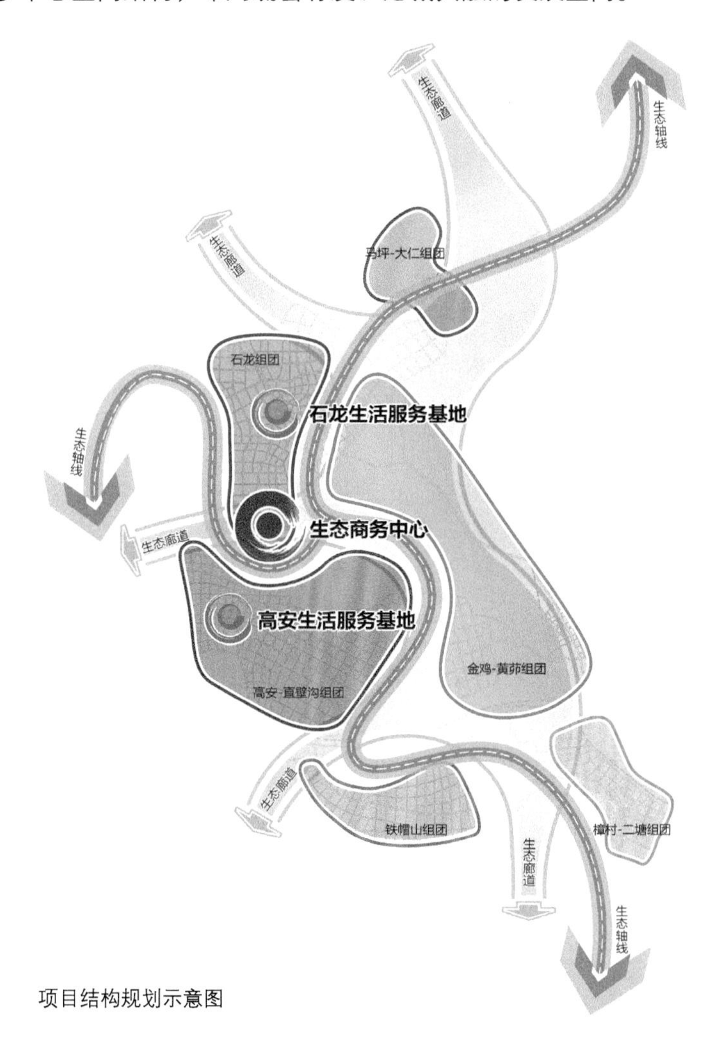

项目结构规划示意图

3. 特色产业集群布局

综合考虑自身优势资源、临港产业基本形态、大湾区产业外溢、上位政策与规划导向等影响因素的基础上，三江口新区的产业选择按照“湾区所需、来宾所长”和“来宾所缺、湾区所溢”的思路，重点打造绿色建材、现代纺织、医药化工、林浆纸一体化、新能源新材料、智慧物流六大产业集群。

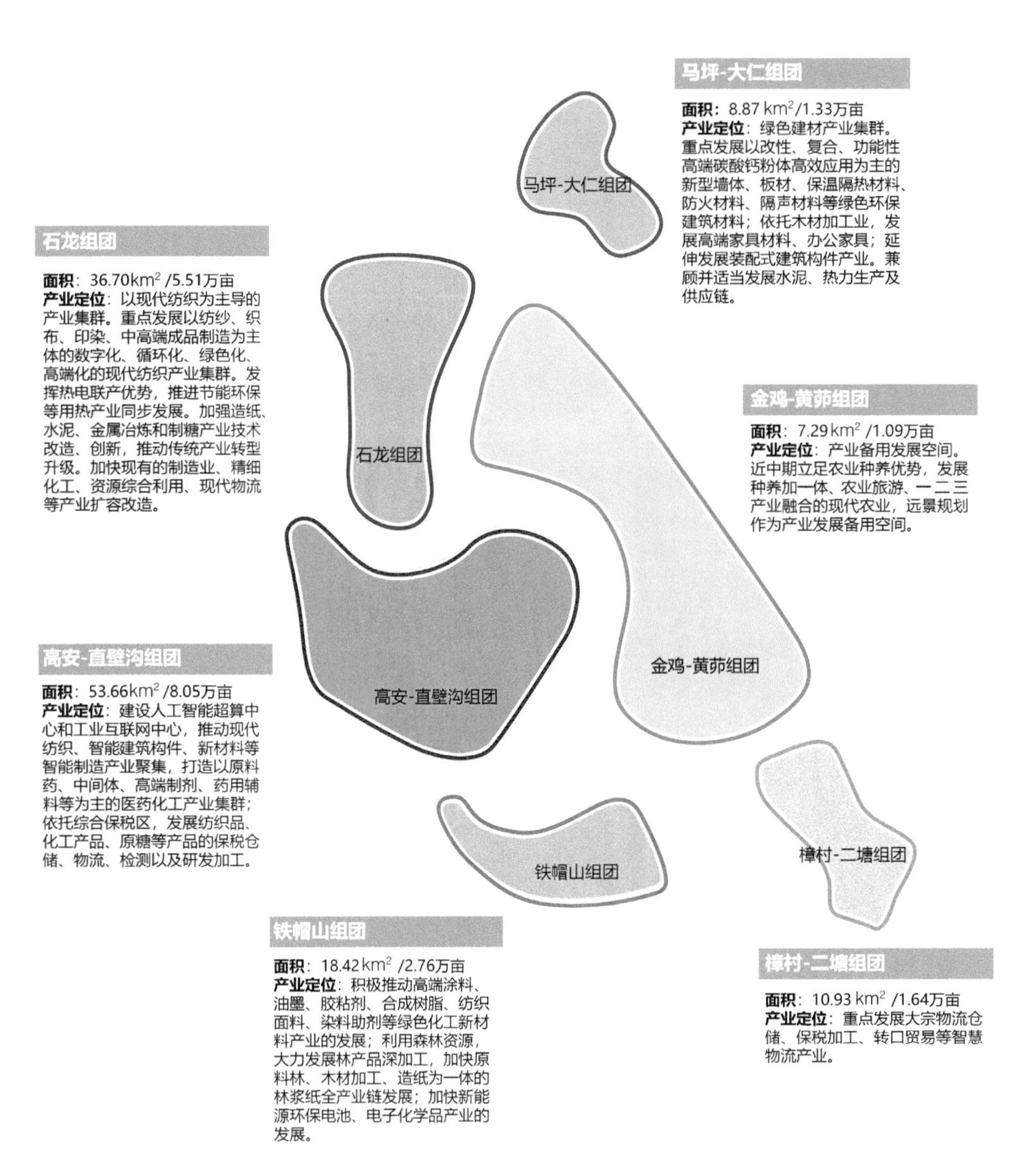

产业布局规划图

4. 高效综合交通系统规划

以区域性交通互联互通为突破点，形成以港口、铁路、公路为核心的多式联运对外综合交通体系，强化以港口码头为中心建设通往柳州、河池等周边城市以及粤港澳大湾区城市的黄金水道；重点推进三江口新区产业组团与209国道、355国道等区域性交通干道的衔接；完善以港区港口为支点的港产城融合发展体系：加快石龙码头、直壁沟码头、黄泥岭码头及其配套设施的建设，以港口为依托，完善集疏运体系，促进港口与腹地经济良性循环发展，驱动新区从“码头经济”走向港产城融合发展。

5. 区域一体化发展规划

三江口新区未来将与来宾主城区形成来宾市“双核驱动”的发展新格局。三江口新区作为产业、经济、商务中心，主城区作为行政、文化、科教、生活中心，通过区域间半小时快速交通体系形成产业协作、资源共享、基础共建、功能互补的“来宾双子城”。

04/ 规划实施

1. 产业链集群模式

充分利用相对充裕的土地空间，立足自身优势资源和产业基础，通过引资引智补链、引资引智扩链，推动产业链上下游环节聚集发展，在区域内形成“层级水平分工 + 垂直整合”的产业链集群。

2. 平台先行模式

采取市场化的“整体规划、平台先行、连片开发、分期建设”的开发建设模式，在高水平编制新区发展规划、坚持“一张蓝图绘到底”的基础上，引入有实力的专业企业，针对规划的特定地块、特定产业进行整体开发建设，打造开放式的产业发展平台，利用市场机制加快基础设施建设和产业集群导入；在开发建设过程中，政府在加强服务的同时，综合考虑产业发展动态、企业入驻进度等多方面因素，根据国家土地政策，完善土地管控机制，合理把控供地节奏，确保土地开发和产业发展同步推进。

新疆生产建设兵团第七师一二三团总体规划及控制性规划

01/ 项目概况

该项目在具体实施过程中，由于政策和社会问题以及周边环境的影响，用地发展方向和局部用地性质发生了改变，需要在新一轮的总体规划中对团域城镇体系规划和城区用地布局、城市特色塑造、城市道路交通组织和生态环境整治等方面进一步加强研究和把握。

02/ 规划构思

1. 城区发展方向：向东、向南、向西均可作为镇区建设用地发展方向。重点向西、向南发展，向东延伸。近期，以向南发展为主。

2. 用地布局合理，产业协调发展，就业机会多样；居住环境优质、公共服务设施健全；交通体系完备、合理；城市历史风貌和生态环境良好保护。

03/ 规划内容

1. 城镇定位

现代化农业为基础，以综合物流配送为引领，军垦文化旅游业为特色，宜居宜业的新型戍边城镇。

2. 城镇空间布局

规划形成“一心、三轴、六片区” 的总体结构。

一心：行政办公中心。

三轴：团部南部沿五连干渠欲打造团部滨水生态景观主轴；沿迎宾路打造核心景

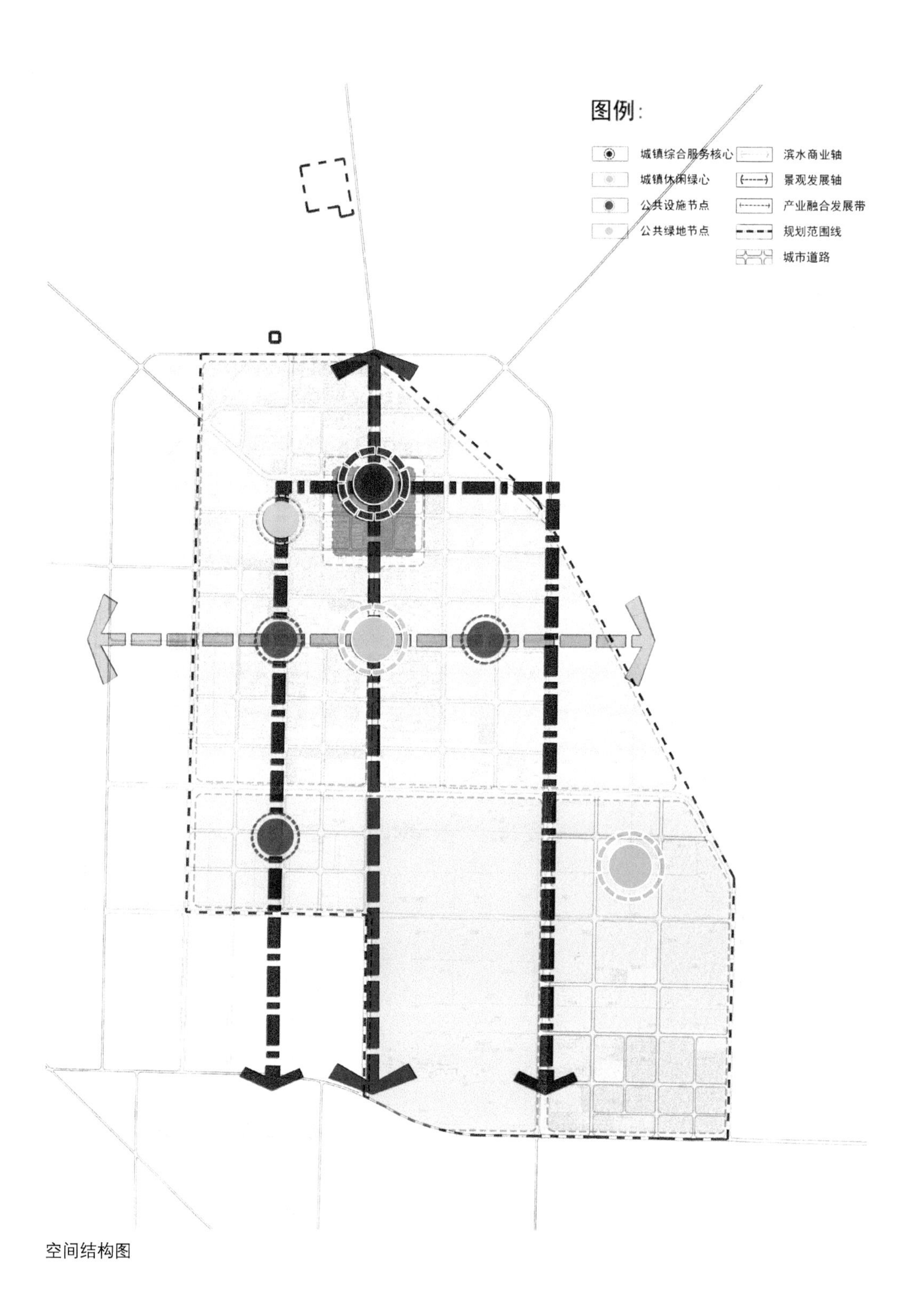
图例:
城镇综合服务核心
城镇休闲绿心
公共设施节点
公共绿地节点
滨水商业轴
景观发展轴
产业融合发展带
规划范围线
城市道路

空间结构图

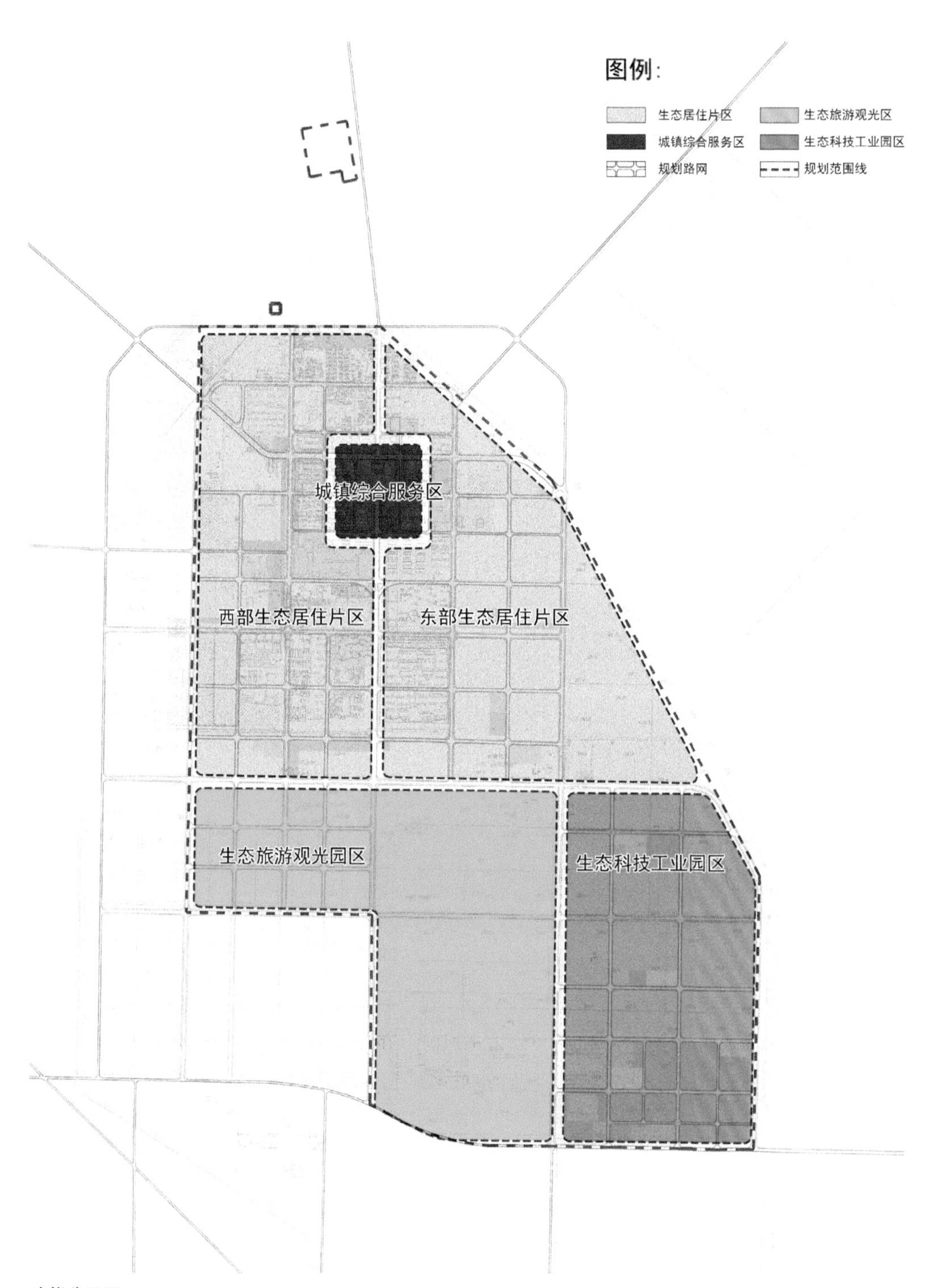
图例：
生态居住片区
生态旅游观光区
城镇综合服务区
生态科技工业园区
规划路网
规划范围线
城镇综合服务区
西部生态居住片区
东部生态居住片区
生态旅游观光园区
生态科技工业园区

功能分区图

观主轴；沿主干道形成的城市展示轴。

六片区：滨水商业区、军垦文化旅游区、生态旅游观光区、综合物流园区、东部居住片区、西部居住片区。

（1）滨水商业区：位于镇区南部，依托区域经济发展的带动，衔接城镇核心主轴，集商务、贸易于一体；

（2）军垦文化旅游区：挖掘自身特色旅游资源，承接周边旅游业的辐射和带动，打造具有兵团特色的旅游服务基地；

（3）生态农业观光区：以试验田用地为主体，与军垦文化旅游区相互推动，打造以高科技农产品培育，农业观光、采摘为特色的生态农业观光区；

（4）综合物流园区：一二三团产业集聚区，经济发展的核心区。依据产业链运作原理合理布局，集约用地，形成“加工商贸—储藏—转运”一条龙的产业模式；

（5）东部居住片区：打造低密度、高品质的居住片区；

（6）西部居住片区：打造具有军垦文化氛围的生态居住片区。

3. 生态视角下的人口容量分析

从用地生态承载力、水资源生态承载力出发，计算基于万元国内生产总值生态足迹的人口容量值，维持可持续发展状态下的人口容量值以及基于水资源约束的人口容量值，对计算结果进行汇总，取人口容量约束的下限值作为一二三团未来发展的人口规模限制。

4. 低碳城镇规划

通过对“低碳生态城市”理论和相关案例的研究，结合一二三团的现状，对其城镇化发展进程进行深刻解读，并重新对其城市的聚集空间、强度利用以及城市规模的不断扩大为特征的发展模式进行规划实践。

04/ 规划实施

该项目于 2016 年提交专家组审核，并根据专家意见逐一落实与完善。

寿宁县南阳镇溪南村总体规划及美丽乡村规划

01/ 项目背景

“三农”问题是关系国计民生的重要问题，自 2003 年以来，中央一号文件都是关于农村、农业、农民的问题；福建省出台了美丽乡村相关政策，根据《福建省人民政府关于实施宜居环境建设行动计划的通知》（闽政文〔2014〕13 号）部署，福建省实施了“千村整治、百村示范”工程，按照“布局美、环境美、建筑美、生活美”的四美要求，围绕“三整治、三提升”建设标准和“五清楚”的原则进行。

本次规划的溪南村位于寿宁县南阳镇，处于城乡接合部，为美丽乡村建设重点村，村域用地面积 4km^2，村庄建设用地 8.63hm^2。

02/ 规划构思

依托“山环水绕”的优势，打造“醉美溪南”。

建设“布局美、环境美、建筑美、生活美”的“四美”溪南。

03/ 规划内容

规划分为总体规划和美丽乡村规划两个层面。

总体规划将村域共分为三个片区：村庄建设发展区为溪南村居民的村庄建设用地，规划完善住房建设及各类配套设施，支撑村域经济社会发展；休闲旅游观光区规划为区域内生态休闲观光体验区，让游客参与农业劳作，辨识五谷，亲近自然，成为溪南村的特色区域；林下经济种植区规划发展林下种植，提高溪南村民的经济收入，充分利用溪南山体林地多的特点，进行林下种植。

村庄建设发展区规划形成“一核、一带、五片、多点”的结构。

一核：以村委、村民文化活动公园所形成的公共核心；

一带：沿溪南村傍村而过的溪南溪所形成的滨水绿地景观带；

规划目标：

依托“山环水绕”的优势，打造为“醉美溪南”。

整治目标：

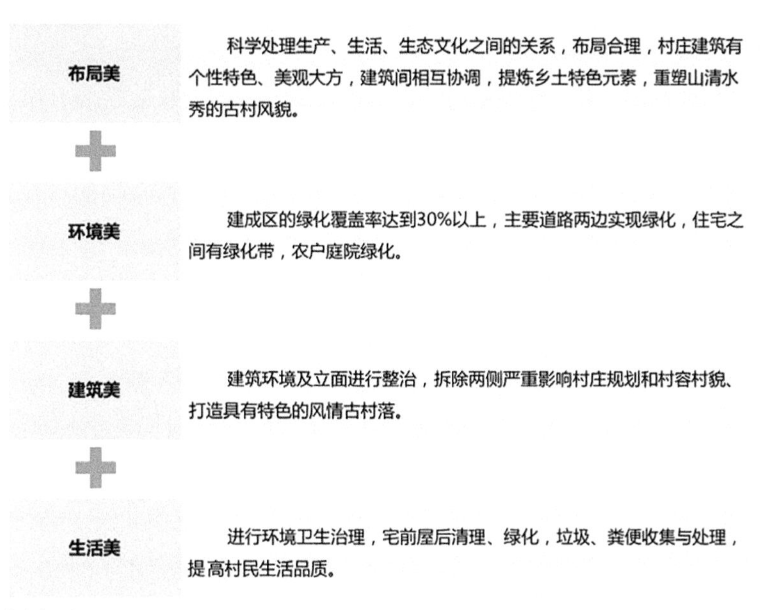

规划目标

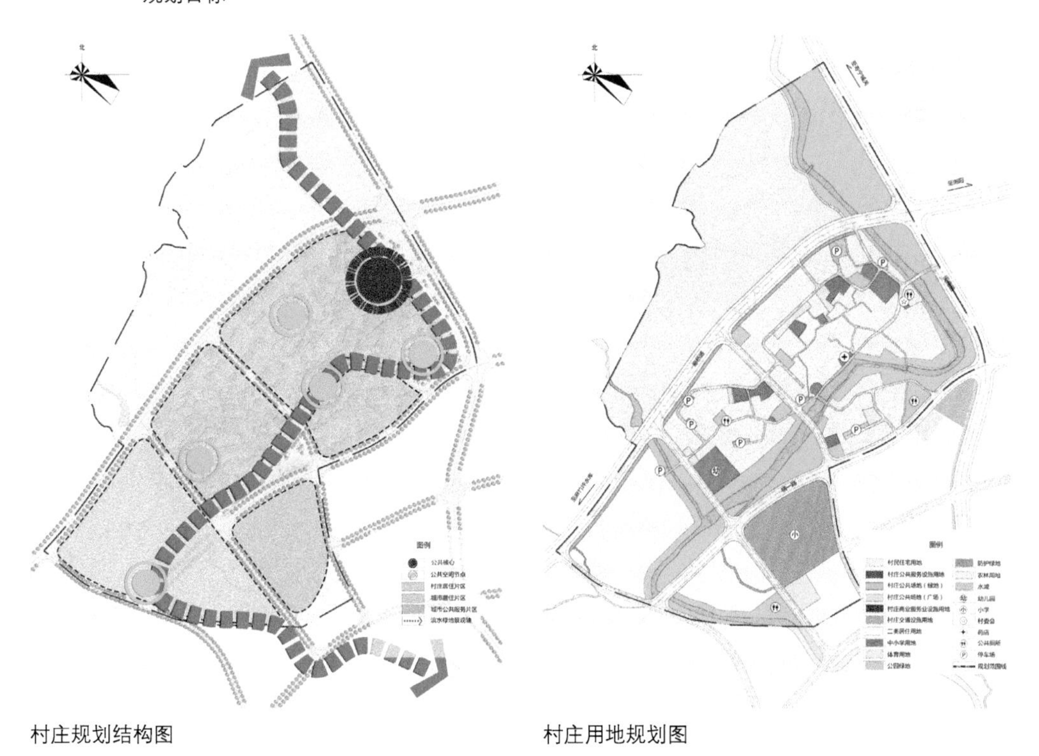

村庄规划结构图　　村庄用地规划图

北
至南阳
G1
G1
停车场
詹氏祠堂
村庄入口
村民文化活动公园
广场
村委
金氏祠堂
农村服务站
节点绿地
村口溪南公园
药店
竹林游园
上汀步
大王庙
普济桥
停车场
衣冠冢
公共绿地
路边老房子
停车场
广场
广场
幼儿园
登山步道
G1
R21
G1
G1
A33
R21
A4
R21
G1
图例
保留土木建筑
车行道路
保留砖混建筑
村内步行道
重要节点
景观游步道
2F
建筑层数
道路中心线
梅花
水系
桂花
广场
景观树
汀步
绿篱
停车场
花坛绿化
规划范围线

村庄规划总平面图

五片：依据建设情况划分成的北部村庄居住片区、中部村庄居住片区、南部村庄居住片区与村、西南部城市居住片区以及城市公共服务片区；

多点：多个主要公共空间节点。

美丽乡村规划分为重点整治和一般整治两个层次。

重点整治层次为三大主要节点区域。主要针对节点范围内的建筑、设施、公共空间进行整治；一般整治层面针对溪南村规划范围内重点整治区域以外的地域，进行旧房裸房、垃圾点、污水、道路、绿化整治。

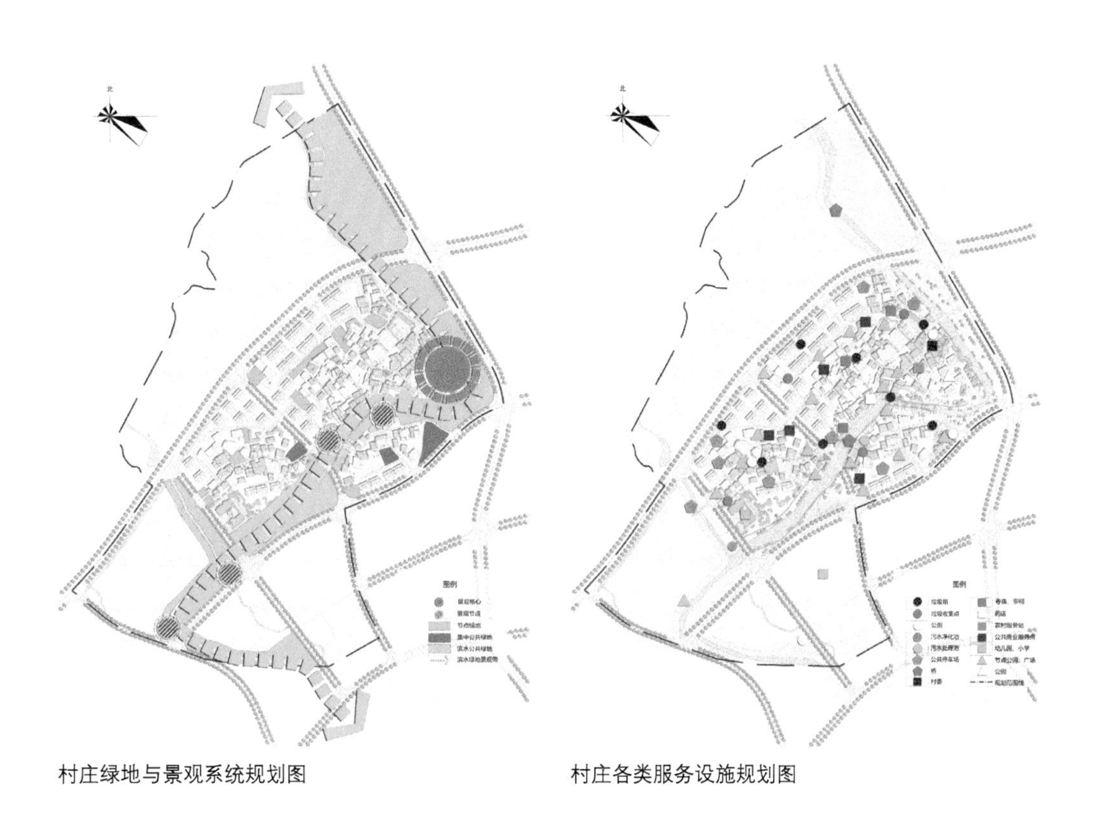

村庄绿地与景观系统规划图

村庄各类服务设施规划图

04/ 规划实施

下汀步：溪南村口处对水体进行整理，采用自然石材护岸，设置亲水平台，并规划汀步一处，既可以实现通行的要求，又可以提供亲水戏水的空间，更是“山环水绕”“醉美溪南”全景的最佳观赏点。

规划实施（下汀步）

规划实施（大王庙）

大王庙：位于村庄中部，临水而建，寄托着村民平安顺遂的美好心愿。规划修整墙基，对墙体进行粉刷，并加上黑色披檐，使整体院落端庄大气，古朴肃穆。

通过整治工程，达到了美丽村庄工作的既定目标，提升了溪南村的村庄品质，满足了村民对幸福生活的要求。

黎平县八舟河生态旅游区总体规划

01/ 项目概况

项目地处湘、黔、桂三省(区)交界的侗乡腹地，黎平侗乡风景名胜区北部，以八舟河、天生桥景区为核心，基地南北长 11600m，东西长 14400m，总面积约 53km^2。

八舟河景区山水资源丰富、溪流密布，集岩溶地貌、田园溪流、河湖森林等自然景观为一体，同时也是白茶的重要产地之一，生长着多种异花异草、名贵中草药材，具有很高的观赏价值、科学价值、游憩价值。同时，项目地处黔中旅游圈层及大桂林旅游圈层两小时旅游圈外围，通过打造旅游度假综合体，弥补了“贵州—桂林”两小时旅游圈市场的空白。

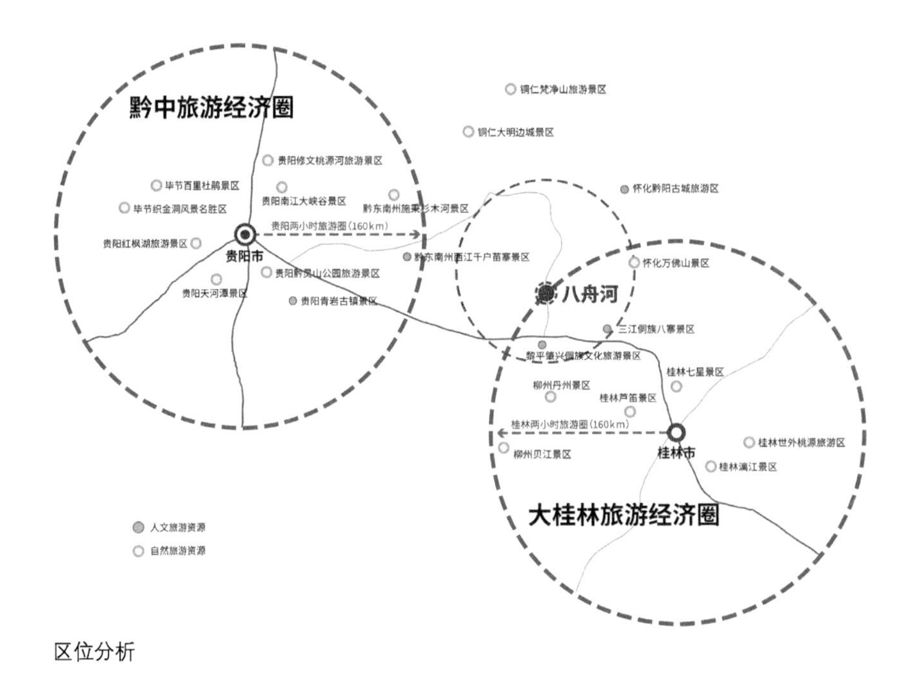

区位分析

02/ 规划构思

综合分析八舟河生态旅游区的发展条件，配合旅游区发展的战略目标，本项目以生态保护为前提，总体功能策划目标为：以生态涵养为基础，以旅游体验为核心，打造集山水观光休闲、森林度假、生态文化体验于一体的生态旅游度假区和康养示范区。

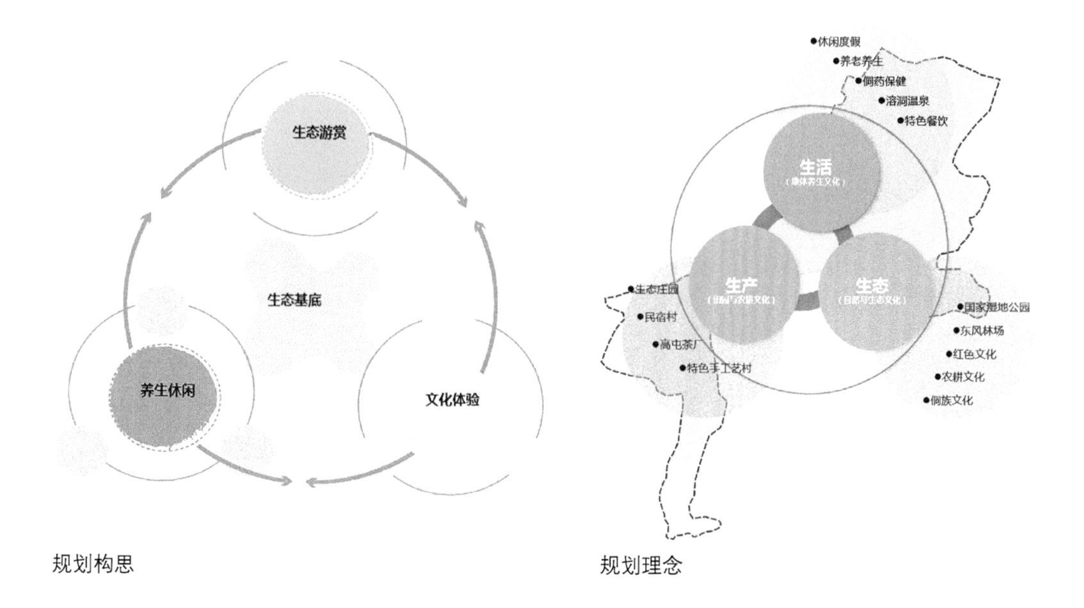

规划构思　　规划理念

1. 规划理念

打造一脉相承全真旅游动线——原生态山水旅游线；

构筑三维立体全景旅游体验——水陆旅游交通体系；

创建五元组合全息旅游度假——山水禅茶文化主题。

2. 规划构思

（1）整合现有资源

将原有资源进行整合、包装、提升，建构深层次的资源旅游产品，丰富旅游产品体系，如茶文化、天生桥等。

（2）塑造核心产品

通过特色旅游路线与特色产品，满足市场与大众的需求，构建区域品牌。为近郊亲子游、休闲游提供空间载体。

（3）打造服务节点

由单一观光型向复合消费型的转变，提供度假、休闲、交通等多方面配套服务，打造复合型旅游服务节点。

03/ 规划内容

1. 八舟河谷感悟区——水上运动

该片区依托原生态、低干扰的自然环境，深入挖掘源远流长的山水文化、禅修文化，充分利用八舟河现有水面、莲花寺等产业资源，形成以八舟湾、禅修院为核心的开发主题。重点新项目：休闲八舟湾、禅修莲花寺。

休闲八舟湾	水上垂钓 水上高尔夫 水上乐园 入口服务中区	禅修莲花寺	禅修中心 菩提素食中心 莲花阁

2. 农耕田园体验区——文化体验

依托中部高屯茶厂和八舟河两岸现有村落，通过对现状村落的改造提升，打造红色主题民宿村、生态田园文化村、土司庄园。同时，依托高屯茶厂，打造茶制品加工产业、茶文化旅游产业、茶主题养生产业三位一体的特色度假并围绕相关产业设立三个功能区。重点项目：侗乡民宿村、万亩茶博园。

3. 秘境林海运动区——森林运动

该区域地形地貌较为丰富，现有天生桥、湾寨古银杏、东风林场资源点，通过现有规划植入森林度假的理念，为热爱户外探险、运动的游客提供良好的山地场所。重点项目：极限天生桥、百里运动营。

4. 侗乡百草康养区——养生度假

康体养生度假区主要包括两个主题项目（绿海养生谷、风情喀斯特）。风情喀斯特主要是依托下阳组团现有的溶洞群进行开发，通过主题功能的植入打造酒店、温泉及观光与一体的喀斯特风情；“绿海”养生谷是通过导入结合，结合养老度假功能，打造绿海养生谷。

04/ 规划实施

效果图

四川省都江堰市灵岩山国际禅文化旅游风景区规划

01/ 项目概况

1. 项目背景

2022 年初，国务院批复同意成都建设践行新发展理念的公园城市示范区，国家发展改革委、自然资源部、住房城乡建设部联合印发《成都建设践行新发展理念的公园城市示范区总体方案》。

作为大成都旅游资源最富集的地区，都江堰市适时批准了“灵岩山国际禅文化旅游风景区”建设项目，启动了《灵岩山景区整体提升方案》和《灵岩山旅游综合服务区控制性详细规划》编制工作。

2. 项目概要

灵岩山景区位于成都市都江堰灌口街道，距成都市区约 55km，距都江堰市区约 4km。居于岷江北岸，山下即为世界自然 / 文化双遗产——都江堰水利工程。景区规划

从岷江南岸由南向北鸟瞰图

范围约 5.4km²，综合服务区规划占地约 0.5km²。本项目立足公园城市理念的创新实践，旨在恢复重建震损旅游基础设施体系，扩充完善景区整体接待能力，高水平打造中国西部旅游重镇的新标杆。

从白沙河上游由北向南鸟瞰图

规划总平面图

从都江堰市区方向由东向西鸟瞰图，远处为紫坪铺水库

本设计成果作为《都江堰—青城山风景名胜区总体规划》的近期实施性方案，报都江堰成都市人民政府和四川省住房和城乡建设厅批复后，作为近期灵岩寺景区风貌整治和灵岩山旅游综合服务区开发建设的指导依据。

02/ 规划构思

构思重点——挖掘文化谋“定位”

灵岩山自立于龙门山脉东麓，临江望城，灵秀幽深。抗日战争时期，大批文化名人避难入川，于山中古寺创办“灵岩书院”并讲学释道，包括钱穆、冯友兰、朱自清、陈寅恪、梁漱溟、朱光潜、潘光旦、张恨水、蒙文通、李源澄、唐君毅、饶孟侃、谢无量、南怀瑾等人。其中，国学大师南怀瑾先生曾在此长期居住研学，著作颇丰，自此灵岩山在中国国学文化界拥有了一席之地。

当今，中国文化与东方文化共荣发展，新时代的“一带一路”正引领中国文化在全球的复兴之路。

禅，是简单的心，宁静的心，质朴无暇，回归本真，是东方传统文化的精髓。集文化之大成，盛于中华文明土壤上的东方中国禅文化，超越宗教的局限成为人类共同的精神财富。东方禅所代表和象征的东方智慧，已经成为一种不可或缺的精神之源，它不仅仅是中国的，更是一个世界性的文化现象。

世界的未来，是世界东西方对话和互动的时代。千年时空，汇聚灵岩。项目定位“禅文化”，力求演绎全球化和公园城市新发展理念，打造中国优秀传统文化的地标：灵岩山国际禅文化旅游风景区。

03/ 规划重点

规划重点——创新策略谋

以新时期的新发展理念为指引，创新策略，合理布局，进而探索公园城市发展之路。

策略 1——高原门户：作为“成渝—九黄旅游发展轴”上重要的地理分界点和交通咽喉点，项目以西的高原山区景点众多但交通条件恶劣，大量游客车辆进入会加剧生态破坏和灾害风险。规划提出优化交通组织方式，以 TOD 理念为导向，结合拟建的山地齿轨交通——都（都江堰）四（四姑娘山）线布置公交枢纽 + 游客中心综合体，充实旅游服务功能，引导自驾游客在此换乘公共交通前往各景区，助力川西高原生态可持续发展，打造区域性“川西高原旅游交通集散门户”。

山下西片区鸟瞰图

山下东片区鸟瞰图

从岷江上游由西向东鸟瞰图

策略 2——借力发展：世界遗产都江堰—青城山风景区，经多年发展，年游客数量已达两千万人以上。本项目以公园城市理念为导向，力求建立与都江堰城区和相邻成熟景区的一体化发展机制，拓展世界遗产的生态纵深、布局商业、演艺、休闲等新型业态，巧妙导入消费人群，借力发展，确保顺利起步。

策略3——分区施策：山上片区重点拆除违建、修旧如旧、减量发展，精雕细琢，力争重塑自然生态和历史文化氛围；山下片区则充分利用震后搬迁调整形成的建设用地资源，运用精致禅风小镇设计元素和现代商业运营理念，打造高水准国际化旅游综合服务区。

04/ 实施重点

实施重点——精雕细琢谋“实施”

禅意追求“至简”“精致”，本项目制定了“景观先行，分步实施，精雕细琢，逐步修正”的规划原则。品读现状，优化布局，阐明设计意图，并在实施过程中完善修正规划方案。

目前，山上片区已全面进入规划实施阶段，山下片区已基本完成拆迁安置，进入建设准备阶段。

山上片区实施方案总平面图

秋色，整治后上空实景鸟瞰

东岳庙庭院整治前后对比

东岳殿整治前后对比

灰汤温泉国家级旅游度假区总体规划

01/ 项目概况

灰汤温泉国家级旅游度假区地处湖南省宁乡市西南部，度假区内有丰富的地热资源，中国三大高温温泉之一的灰汤温泉以微量元素丰富、水温高等特点享誉世界，至今已有 2000 多年的历史。

2015 年，灰汤温泉入选为首批国家级旅游度假区。为明确灰汤温泉发展定位、发展方向、规模、功能布局，完善文化旅游休闲度假产业体系，做好灰汤温泉资源的保护与利用，同时依托灰汤温泉国家级旅游度假区产业发展，实现乡村振兴的战略目标，特编制灰汤温泉旅游度假区总体规划。

我国现代温泉产业发展起源于 20 世纪 50 年代，按照其产业发展特点，可划分为三个典型阶段：温泉 1.0 时代——产业初创阶段、温泉 2.0 时代——单一产业链阶段、温泉 3.0 时代——温泉 + 旅游产业阶段。灰汤温泉要构建自己的温泉 4.0 时代——温泉生态圈时代。

02/ 目标定位

1. 规划定位与发展目标

规划以区域优质生态条件为基底，以温泉水文化为灵魂，以高标准的国家级旅游度假区为平台，将灰汤温泉旅游度假区打造为：宁乡全域旅游最强引擎、中部温泉康养首选目的地、国家级旅游度假区发展示范区。

2. 产品体系构建

以“温泉”为核心，以“温泉 + 运动康养”“温泉 + 研学会务”“温泉 + 休闲农业”为三大主导产业，以旅游服务业为支撑，构建“1+3+1”的产业体系。

产业体系架构图

03/ 规划内容 & 技术创新

1. 规划空间结构

规划形成“两公园一小镇、八景点一通廊”的空间结构，以紫龙湖为核心打造温泉康养文化公园；结合东鹜山打造山地体育公园；结合灰汤镇区打造灰汤温泉民俗小镇；打造“汤泉沸玉、鹰嘴石、桃花谷、将军楼、大夫第 & 温泉庙街、一里三台、东鹜之眼、紫龙秘境”灰汤八景；依托乌江、紫龙湖、东鹜山形成山水景观视线通廊。

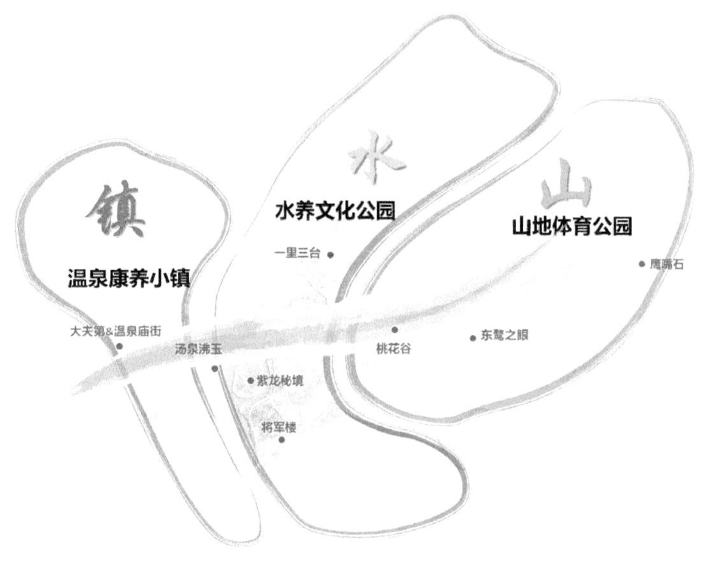

规划空间结构图

2. 产业规划

以温泉为核心资源，结合生态康养、会议会务、运动赛事打造一个全资源型的温泉生态圈。

（1）温泉保护与利用：在合理温泉开发的基础上，通过泡温泉、游温泉、戏温泉、吃温泉、赏温泉等活动结合灰汤山水文化、民俗文化、美食文化，打造全国温泉品类最多、体验感最强的温泉度假区。

（2）生态康养：结合灰汤的温泉资源、山水资源以及现有的疗养资源，打造森林康养、慢病医养中心、市中医院灰汤分院、干细胞疗养中心、运动员疗休养基地等重要的康养基地。

产业板块分类

产业细分板块	内涵释义	项目体现
温泉康养	大多数温泉本身具有保健和疗养功能，是传统康养旅游中最重要的资源。现代温泉康养已经从传统的温泉汤浴拓展到温泉度假、温泉养生，以及结合中医药、健康疗法等其他资源形成的温泉理疗等	温泉养生别苑、温泉理疗馆、半山温泉、特色温泉酒店、温泉美食、温泉泳池、温泉水乐园等
森林康养	以空气清新、环境优美的森林资源为依托，开展包括森林游憩、度假、疗养、运动、教育、养生、养老以及食疗	森林瑜伽、森林健康步道、森林树屋、森林康养秘境等
中医药康养	以传统中医、中草药和中医疗法为核心资源形成的一系列业态集合	百草园、中医养生馆、针灸推拿体验馆、中医药调理产品，以及结合太极文化和道家文化形成的修学、养生、体验旅游等
健康疗养	发展康复疗养、旅居养老、休闲度假型“候鸟”养老、老年体育、老年教育、老年文化活动等业态，打造集养老居住、养老配套、养老服务为一体的养老度假基地等综合开发项目，为老年人打造集养老居住、医疗护理、休闲度假为主要功能的养老小镇	康养社区、颐乐学院、慢病医养中心、长寿养老村

灰汤体育小镇运动赛事策划图

（3）会议会务：结合现有的会议场所，以温泉资源为优势吸引力。重点打造中国温泉康养高峰论坛、各类温泉文旅论坛、运动文化论坛、各类节庆接待、赛事接待等。

（4）运动赛事：结合国家加快发展健身休闲产业的指导意见、体育运动名录及小镇建设，打造灰汤体育小镇，布局足球、马术、自行车（东鹜山环道及环湖自行车道）、环湖田径马拉松、游泳、赛艇、龙舟赛、击剑、射箭、射击（室内）、太极、广场舞、攀岩、竞走等运动项目，结合各已开发项目布置全民休闲运动项目，打造湖南省赛事运动基地。

04/ 规划实施

2021 年 5 月，宁乡灰汤温泉半程马拉松开跑，线路途经雅居乐依云小镇、紫龙湾大桥、桃花谷景区、汤泉沸玉、鸭酒会广场、紫龙湖湿地公园、将军楼、温泉景观公园等特色景观地标。此次灰汤温泉度假区在“文旅 + 体育”方面做出有益尝试，真正实现了多方资源的科学融合，既有半程马拉松这个传统比赛项目，还有迷你马拉松、健康跑、欢乐跑等互动性强的项目，为青少年带来了一个自我展示的平台。

详细规划与城市设计

Detailed Planning and Urban Design

大同古城详细规划

江孜县县城区控制性详细规划

丰顺县汤南片区（文创小镇）控制性详细规划

秦皇岛医养示范区项目修建性详细规划

廊坊市广阳经济技术开发区城市设计和控制性详细规划

日照市东港区城西片区城市设计

廊坊东站片区城市设计和控制性详细规划

（睢阳南部新区城市设计）产业聚集区核心区与居住区城市设计

大同古城详细规划

01/ 项目概况

本项目位于大同古城东北片区。根据大同市政府关于东北片区统一规划、整体实施的计划精神，本区域作为相对独立的城市组团单独编制详细规划文件。

由于东北片区建设规模大、用地情况复杂、分步实施周期长，因此本规划采用控制性详细规划与修建性详细规划相结合的方式进行编制，将用地单元划分到公共建筑单体和居住组团的深度，将用地间的道路（多为历史记忆街巷）作为社会公共空间统一规划，针对各用地单元提供建筑功能业态、四至交通条件、建筑界面要求和周边环境关系等规划导向，制定各项规划设计指标。这种地块细化的方式既明确了建筑设计的具体规划要求，又确保了建筑之间的历史文脉、公共空间与环境关系规划实施的延续性。

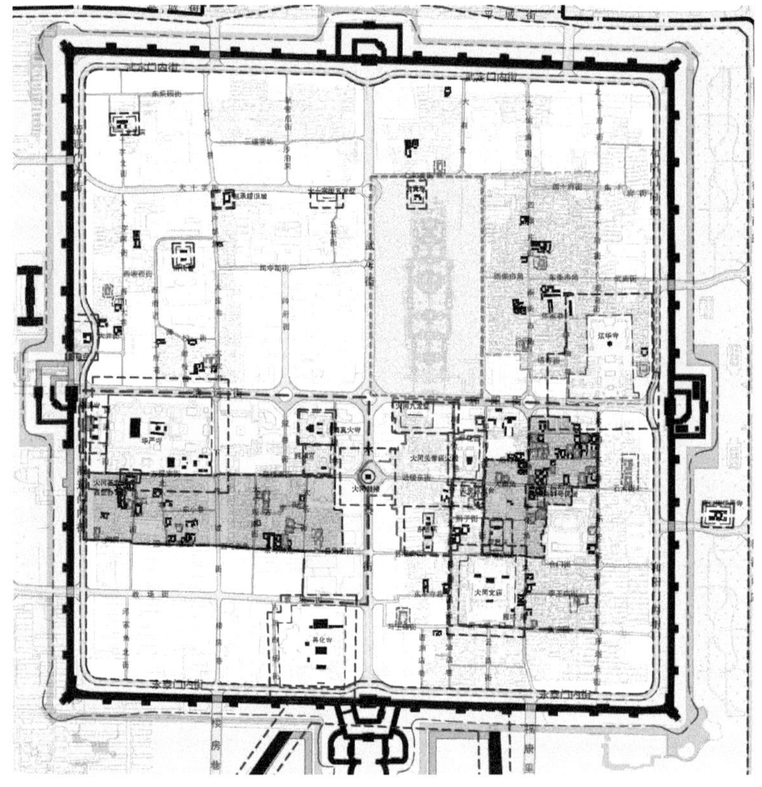

项目区位图

02/ 目标定位

保护和完善历史遗存的文物古迹、历史建筑和周边环境，提升古城文化价值，发掘城市历史记忆。

修复和完善历史街巷结构，构建古城空间结构特色和秩序，发掘城市历史记忆，实现新旧建筑和谐。

修复和提升古城绿色生态环境，全面构建宜居宜游的绿化环境、水环境和绿色建筑环境。

完善居住公共服务设施，创新居住社区服务空间系统规划，吸引更多城市居民回归古城。

完善旅游公共服务设施，创新旅游街区服务空间系统规划，吸引更多观光游客入住古城。

精细化梳理街巷交通组织模式，创新人车分流、交通有序的友好型示范性古城交通体系。

规划总平面图

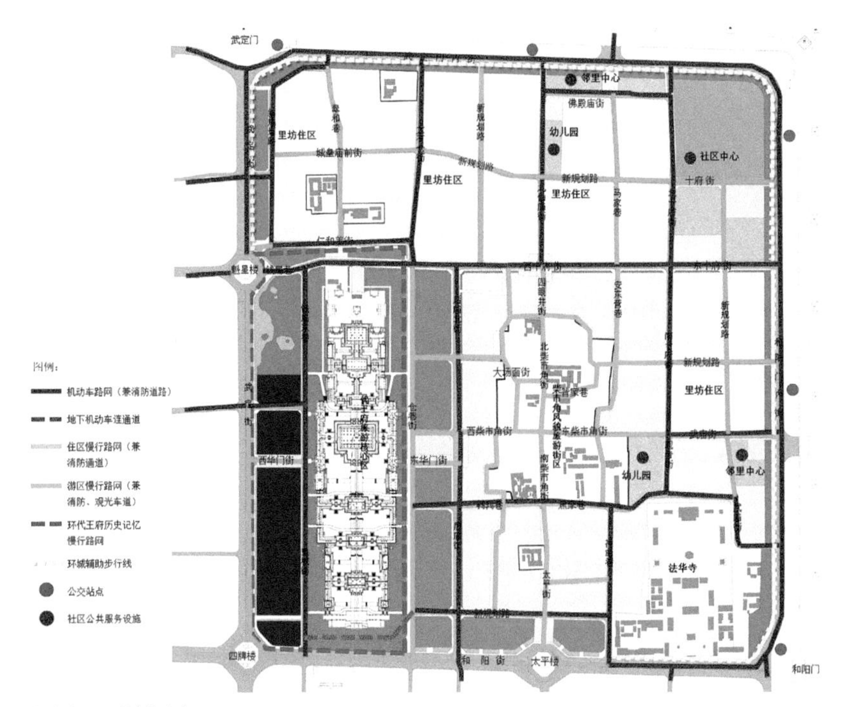

道路交通系统规划图

与国际理念接轨，改变古城保护的简单化思维，针对大同古城历史上形成的复杂的城市建设问题，通过科学的历史研究与创新的规划设计，全面实现历史保护、空间修复、社区营造、旅游发展、公共服务、交通组织和生态覆盖的古城综合建设发展目标。

03/ 规划内容 & 技术创新

“居游共享” 的整体功能区划结构：以聚合城市居民和观光游客、打造活力古城为核心目标。同时，在分区布局上将旅游与居住功能相对分离，可避免相互干扰，公共设施资源则实施有效共享。

“田”“回” 合璧的空间结构与交通体系：根据 1958 年历史地图，结合现状条件，本规划在古城原有“田”字形结构的基础上，叠加了“回”字形结构，即在古城中央十字街与城墙内环路之间梳理出子环路系统，首先构成旅游区与居住区之间的联系隔离带，其次形成优良的交通服务半径、方便居游出行，再次能够有效分流十字街与城墙内环路的交通流，为实现整个古城人车居游分流的良性大系统提供关键性的技术保障。

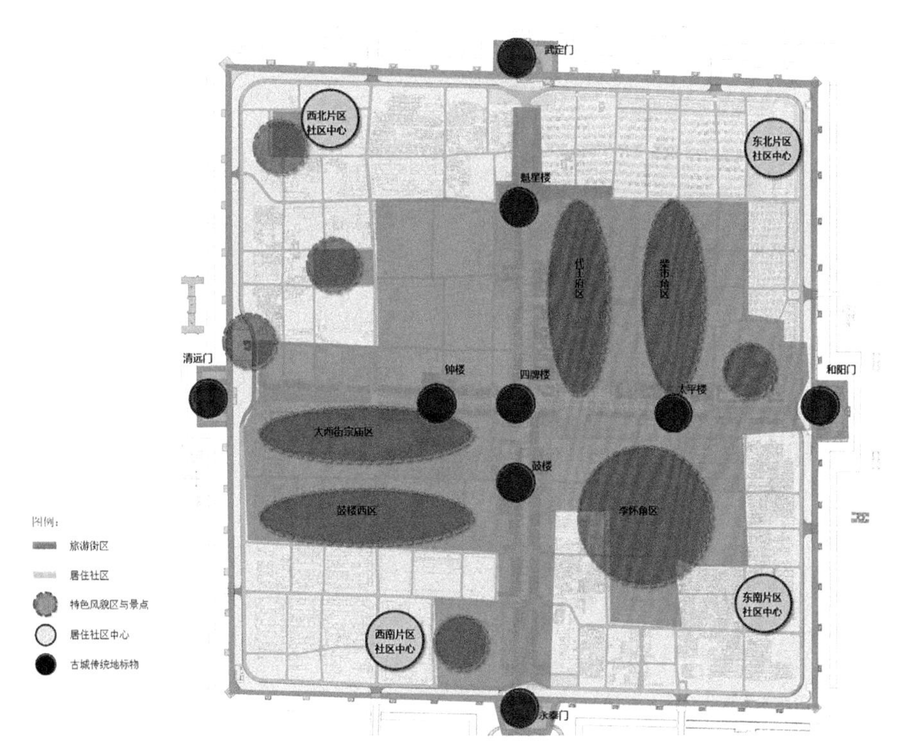

“居游共享”的整体功能区划结构

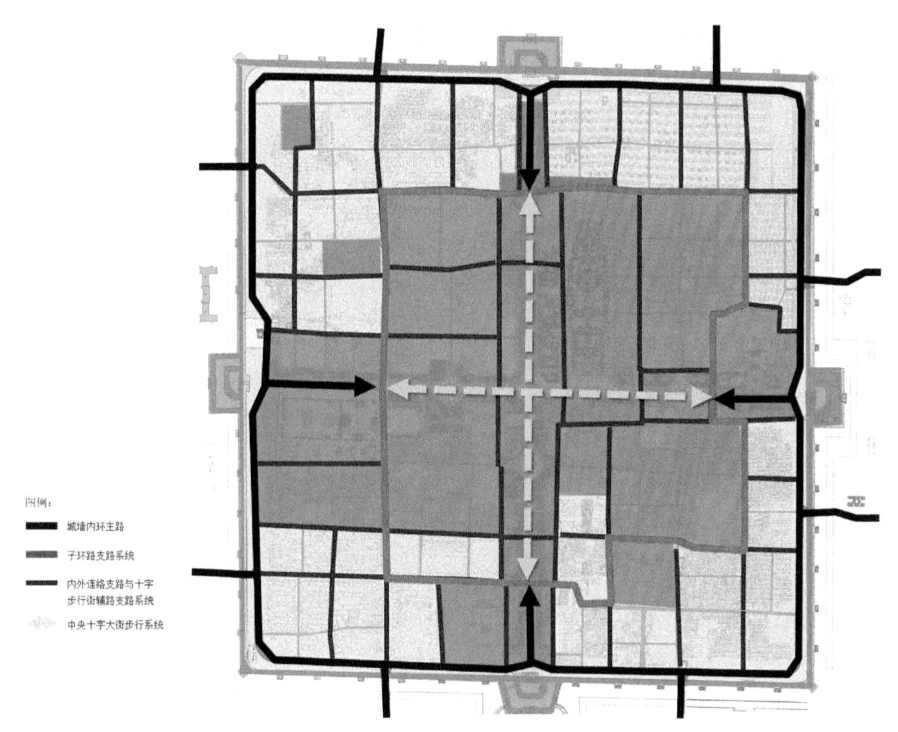

“田”“回”合璧的空间结构与交通体系

04/ 规划实施

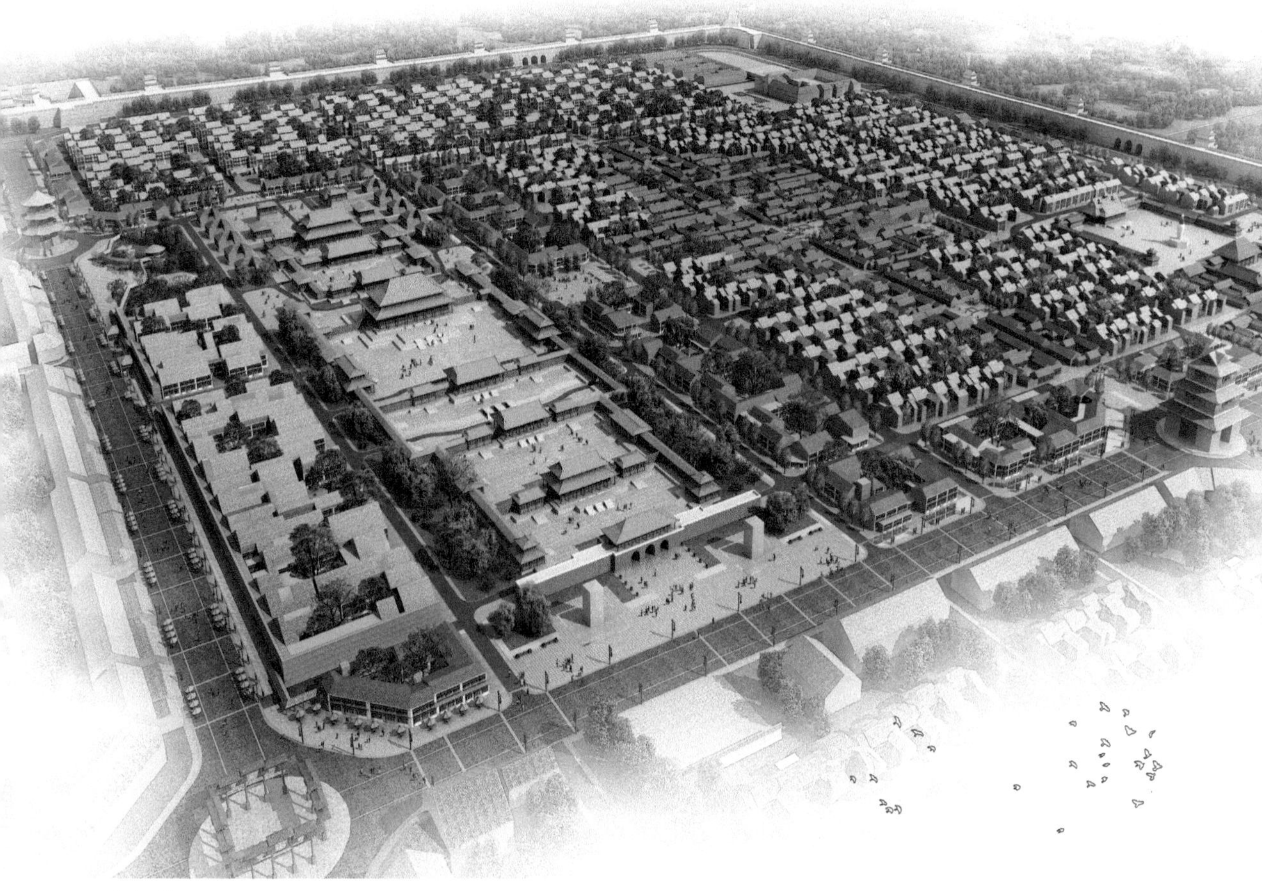

大鸟瞰图

东北片小鸟瞰图

人视效果图

江孜县县城区控制性详细规划

01/ 项目背景

江孜地处西藏南部，日喀则地区东部、年楚河上游。为了促进整个县城经济快速、合理、高效的发展，贯彻江孜县城市总体规划的指导思想，依据政府年度工作计划，由江孜县城市规划管理部门组织编制建设用地总面积约 7km^2 的《日喀则地区江孜县县城区控制性详细规划（2010-2020）》。

02/ 目标定位

依托地缘优势，打造日喀则东部经济区（日喀则、江孜、白朗、仁布、康马、亚东、南木林、谢通门、萨迦和岗巴 10 县市）经济、文化和商贸上的区域次中心和年楚河流域经济走廊（日喀则、白朗和江孜 3 县市）上的明珠；依托江孜县农牧业和民族手工业的资源优势，打造西藏高原特色农产品生产加工基地和民族手工业基地；依托江孜作为国家级历史文化名城的名片作用和旅游资源优势，打造西藏文化旅游的江孜品牌。

鸟瞰图

规划鸟瞰图

局部效果图

广场效果图

突出“片区整体协调互动”的思路。

坚持“空间布局聚约发展”的理念。

强化“保护与开发并存”的举措。

运用“控制和引导结合”的措施。

03/ 规划内容 & 技术创新

1. 用地布局规划

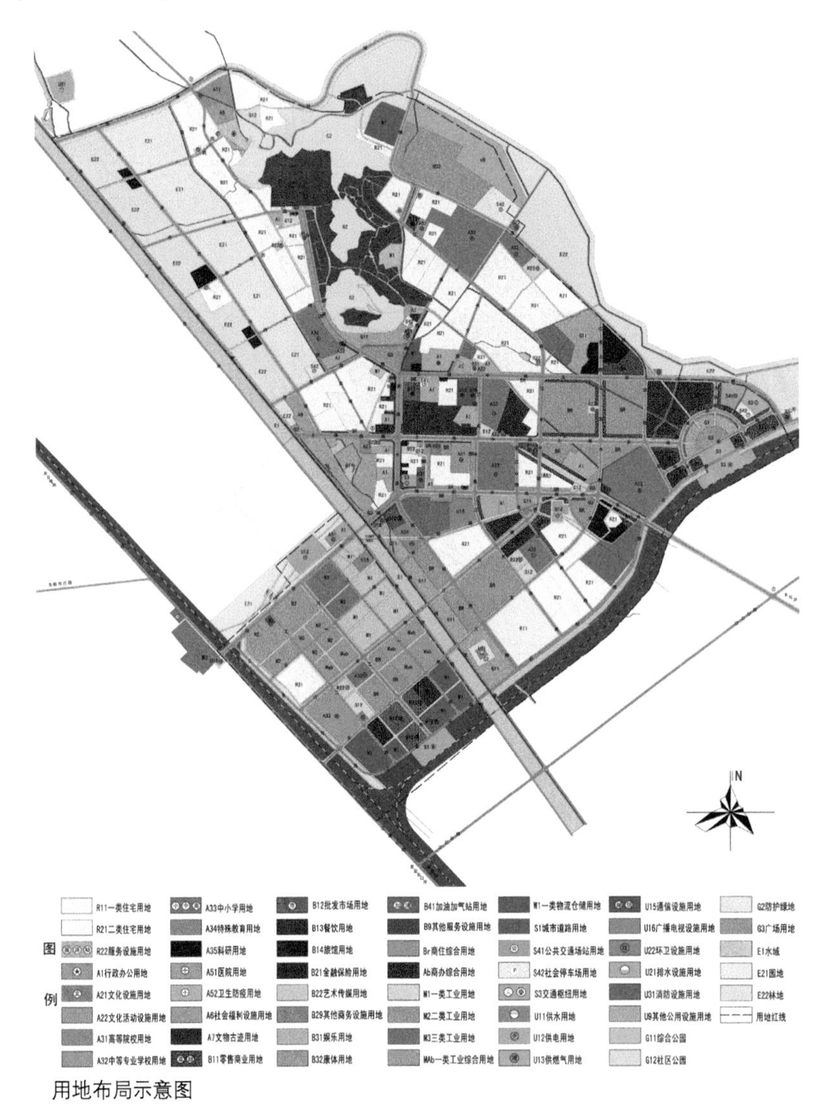

用地布局示意图

2. 道路与交通设施规划

（1）本规划的控制点坐标，根据 1：1000 地形图进行设计。

（2）上海路、英雄路、白居路、卫国路、国防路等的坐标以现状中实际位置为准。

（3）规划所定坐标，原则上不要轻易改动，应严格控制执行，在具体道路设计及施工放样时，经规划管理部门同意后，可根据大比例的地形图作局部调整。

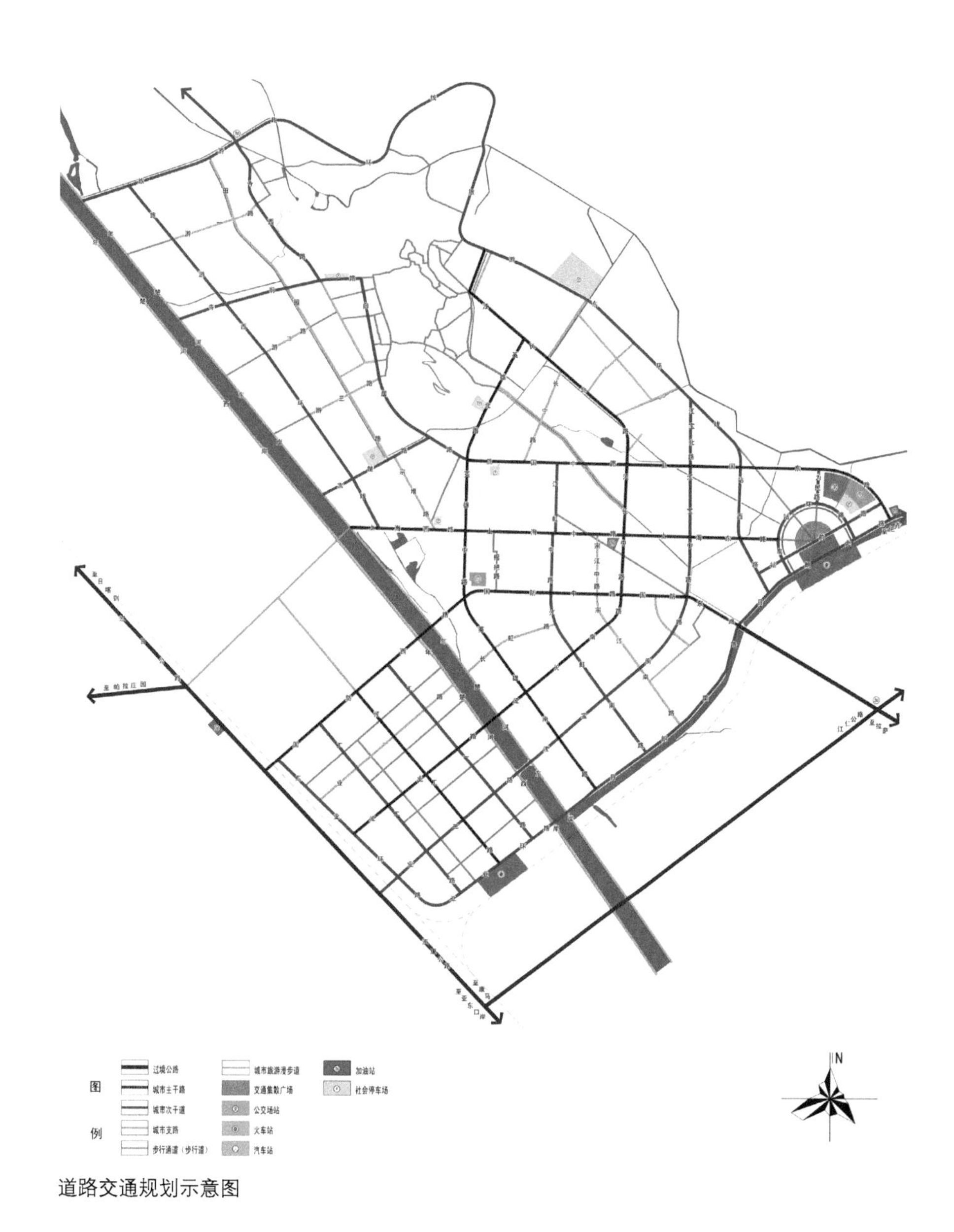

道路交通规划示意图

3. 绿地系统规划

本次规划深化县城城区“环－带－园”公共开敞空间结构，形成“农林绿化、山体绿化、水网绿化、路网绿化、公园绿化”组织网络化的生态绿地系统结构。

绿地景观系统规划示意图

4．水系及景观系统规划

（1）规划延续城市内部原有自然排洪水渠，打通个别关节，形成富有特色的水脉。

（2）年楚河是贯穿基地南北部的主要水系，也是城市景观的组织轴线，与滨水绿地形成滨水景观渗透带。

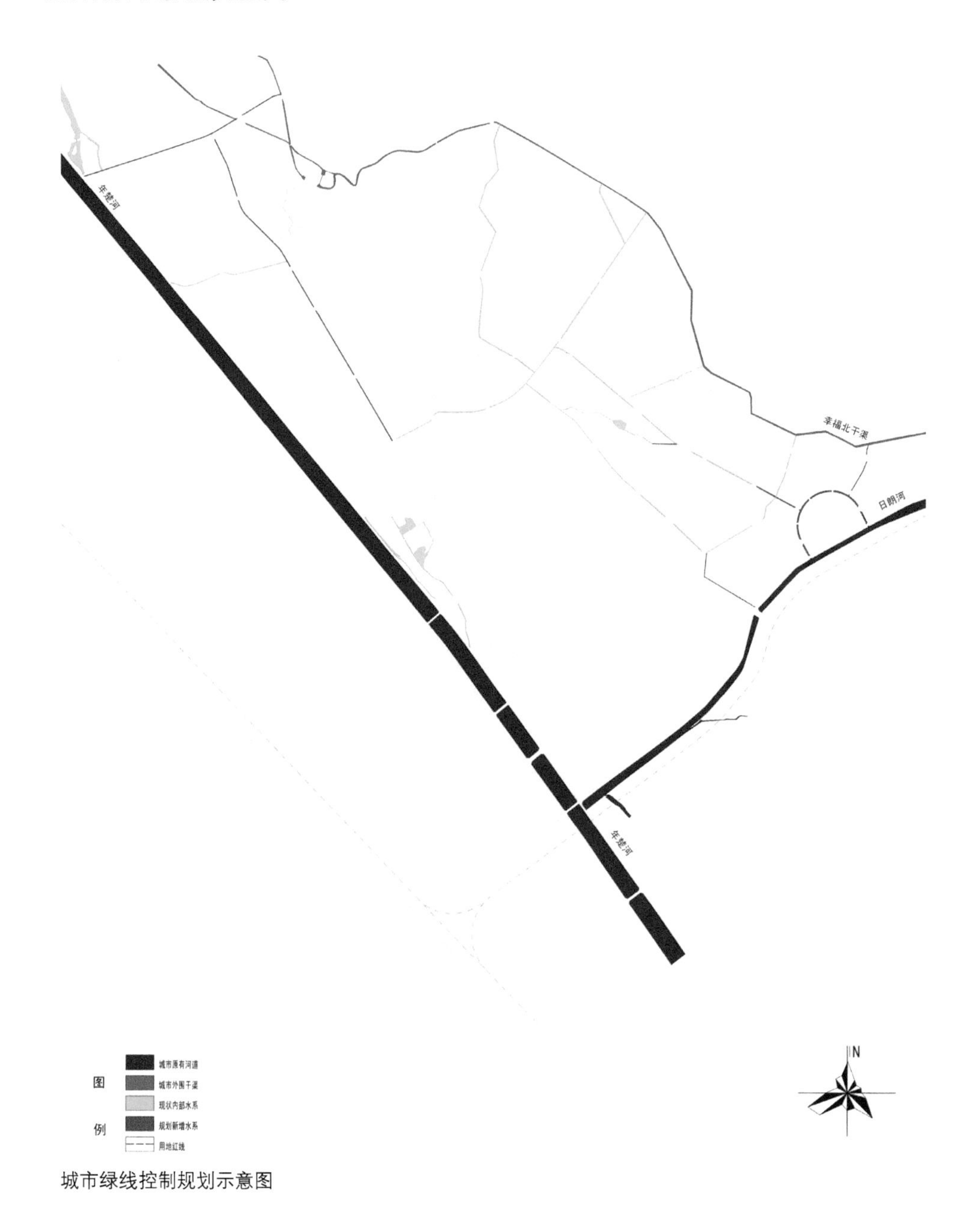

城市绿线控制规划示意图

04/ 规划实施

更新：对于规划地块内的沿街建筑，质量较好但风貌较为普通的现状建筑，规划予以更新。主要表现为外立面的重新装饰，融入藏式风格，以及新功能的植入。

重建：对于规划用地范围内质量较差的建筑、危房以及影响风貌但难以处理的建筑，规划予以拆除并重新建设。

新建：位于江孜南部的地区处于未开发状态，规划将其作为城市新区建设用地，并融入新藏式风格。

规划更新效果图（一）

规划更新效果图（二）

丰顺县汤南片区（文创小镇）控制性详细规划

01/ 项目概况

丰顺县汤南片区（文创小镇）位于丰顺县县城中部核心地区，北临丰顺新城区，西靠温泉城，东至榕江北河，南有生态工业园，总面积4.71km^2。项目基地周边实验中学、六馆六中心、大学城等重大项目落地建设；榕江北河，龙车溪两大水系外围环绕；内部种王上围、龙上古寨等历史遗产，传承匠心与厚重，水系、祠堂、古村落承载生态延续与期望。然而，作为几百年传承的文化区域，房屋衰败、设施老化、居住品质下降，已经成为当地普遍现象。在新的发展时期，城市建设的扩容提质，吹响了乡村振兴的号角，汤南文创小镇，将承载产城融合历史使命，实现文化的保护，传承与创新发展，迎来了实现历史性跨越的关键机遇期。

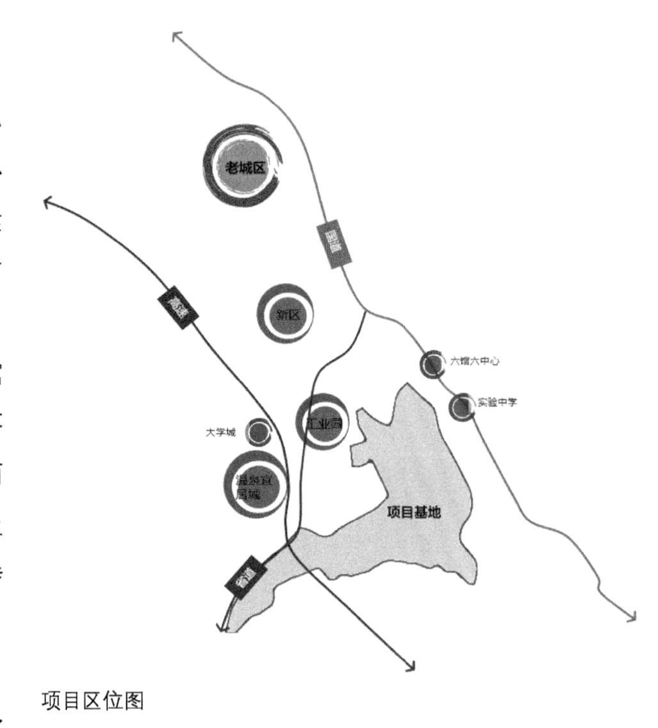

项目区位图

02/ 目标定位 & 规划构思

1. 目标定位

植根于汤南片区历史文化内涵，发挥汤南丰顺南大门的区位优势和水绿交融的生态优势，提出“家国天下、客潮水乡”的目标定位；追源、报本，植于家庙宗祠的姓氏文明；客潮水乡，生态文明展示区，以此打造丰顺文化旅游体验中心，文创产业创新发展示范基地。

鸟瞰图

2. 规划构思

规划打造“一轴一带、三区、十节点”的空间结构。

一轴：水乡文化发展轴；

一带：沿江文化风光带；

三区：家国文化主题区、农耕文化主题区、文化创意主题区；

十节点：文创水街、湿地公园、田园社区、共享田园、家国学堂、耕读民俗等多个主题发展节点。

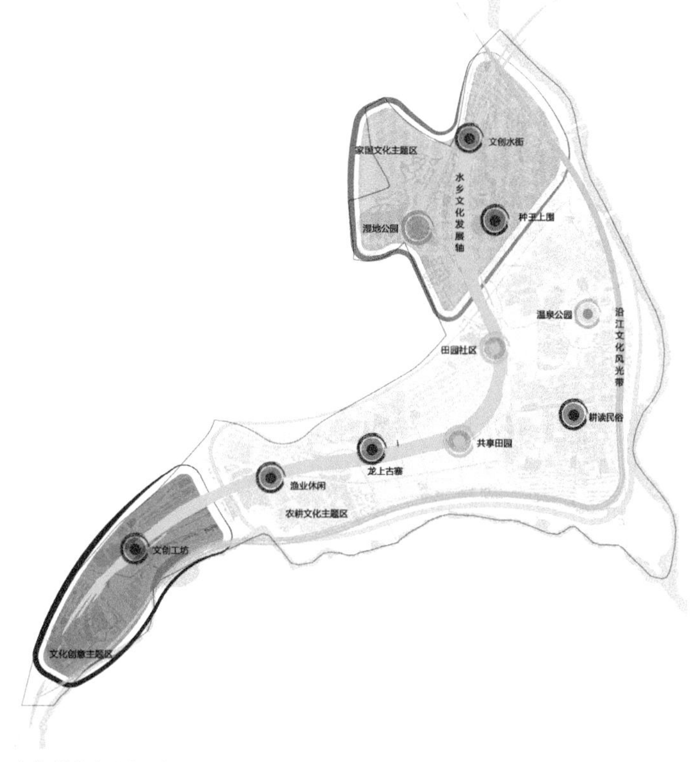

功能结构规划示意图

03/ 规划内容 & 技术创新

特色一：恢复传统水系，塑造水乡环境品质

在新铺水陂规划配置 6 台水轮泵，榕江北河提水，改造扩容龙车溪水轮泵，形成两大引水点，通过对现状水系、水塘的梳理，利用鸡笼山和东方两大引水灌线的改造和文化升级，恢复该片区传统水乡格局，实现以水护村、以水活村、以水富村的建设目标。

取水点效果图

灌溉渠改造效果图

特色二：创造特色文脉区域，展现文化特质形象

核心打造全国首个家国天下体验教育基地，以种王上围和文化湿地区域为核心文化载体，融合客潮家庙宗祠的精神内涵，推动种王上围修缮恢复和保护发展；引入国学教育、民俗演艺、旅游体验等文化业态，外围湿地公园作为家国文化的延续，以客潮人的家学、拼搏和回归为主线，形成集休闲观光、生态体验、运动教育、旅游度假为一体的客潮文化体验样板区。

侨海湿地广场效果图

文武广场效果图

核心打造客潮地区最具特色的文创水街。依托丰顺本土如纸花、丰顺石、红陶等文化遗产，打造 020 水乡特色线下品牌体验店，形成文创工艺店、艺术博物馆、水上集市、水岸公园等核心文创业态；同时，以温泉品质住宿、特色餐饮为支撑，创造活力、色彩斑斓的亲水开放空间。

核心打造独具丰顺特色的文化旅居区。依托龙上古寨同宗同源的文化精髓，振兴传统国学文化，打造融合宗祠教育、国学剧场、六艺体验等功能的知行学院，同时挖掘、保护、传承和开发原生态民俗文化，把龙上古寨及周边打造为集文化体验、教育感悟、旅居养心为一体的人文风情功能区。

特色三：滋补发展理念，再造古村落的生活空间

引领居民生活品质提升，完善配套生活设施，满足居民居住、医疗、教育、健身、康养、出行等生活需求，激活古村落内部的巷道、祠堂广场，融入传统生活文化，点亮居民休闲交流的生活空间。

文化旅居区效果图

古村落内部空间改造效果图

特色四：分门别类划区域，新旧风貌协调统一

划定历史传统村落界线，提出传统历史建筑进行保护性修缮指引要求，对传统村落外围已建建筑进行管控，提出整治改造方案，新建建筑倡导传统元素的时代运用，从建筑装饰、色彩、材料等方面与传统建筑风貌协调统一。

新建民居风貌效果图

04/ 规划实施（应用效果）

1. 地块划分与管控

整体地块划分为 11 个管控片区、699 个管控地块，涉及开发地块容量 175 万 m^2，居住人口 4.4 万人，地块管控重点强调用地开发功能及兼容性，容积率、建筑高度、建筑密度、绿地率等用地指标。

2. 开发项目与时序

近期：重点推动水乡建设，历史村落的保护与外围开发，整理汤南文创小镇近期开发招商项目，涉及民俗文化、生态住宅、休闲产业、配套服务等 32 项。

中远期：强化文创产业区域集聚能力，完善古村落的居住休闲功能，最终实现“村庄美、产业强、百姓富”的幸福家园。

秦皇岛医养示范区项目修建性详细规划

01/ 项目概况

2016 年国家发展改革委正式批复了《北戴河生命健康产业创新示范区发展总体规划》，地方政府与规划建设主管部门积极行动，对区域发展定位进行了积极引导，划定了示范区核心区和启动区的范围，确定了北戴河由传统度假疗养向现代医养康养转型的产业发展战略，医养社区就是在这种政策背景下应运而生的。

环球新医养社区地处示范区核心区的中心地带，东部紧邻启动区——生命科学园，北部为医务人员专属居住区，西部和南部为其他规划中的医疗、医养、康养综合用地，本规划区周边水绿环绕，具有得天独厚的自然环境条件和产业功能区位优势。

02/ 目标定位

本项项目规划以产业功能布局的需求为基础，通过“空间链”的规划方法，将本规划区纳入核心区大医养功能区中，形成开放的城市空间系统，通过交通、景观及区划融合的方式，促进本医养社区与生命科学园、周边医养综合区、滨海度假区之间的空间联系和产业互动。

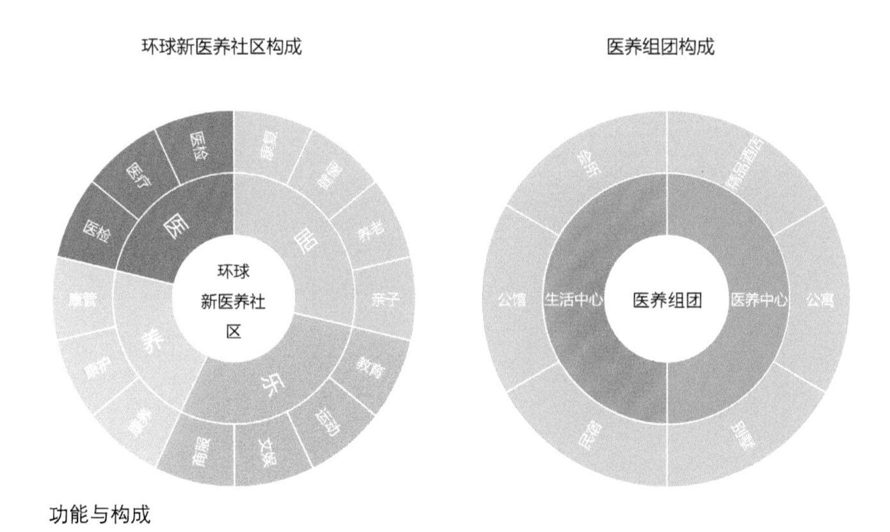

功能与构成

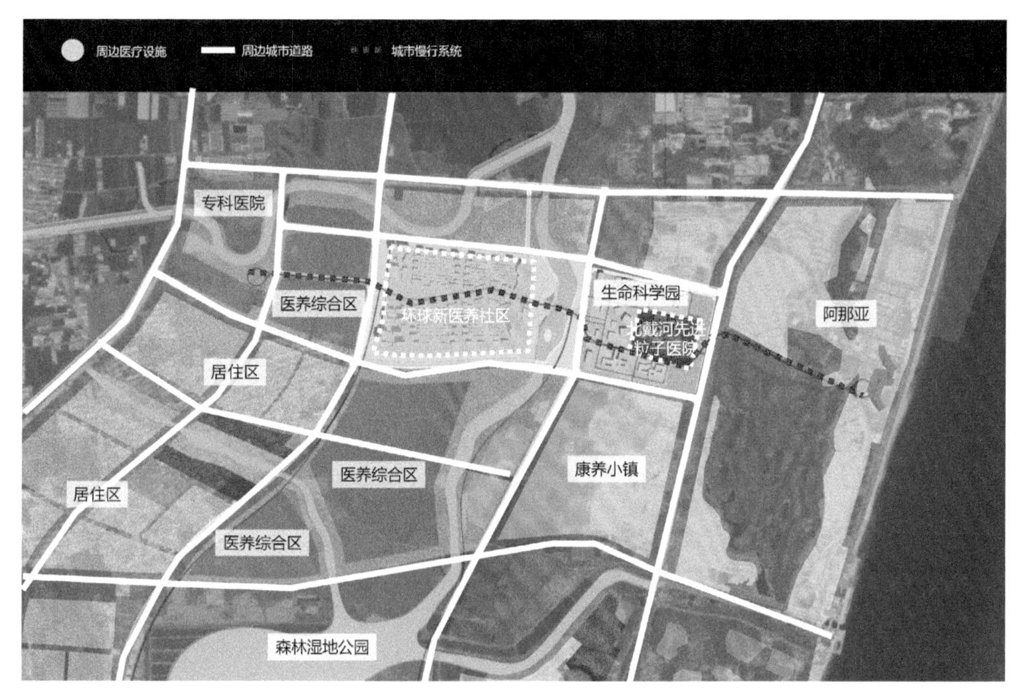

“空间链”与区位交通规划

03/ 规划内容 & 技术创新

本规划区的“空间链”是一条以东西向为主的城市空间走廊，东部跨越河道公园与生命科学园紧密联系，同时继续向东延伸至阿那亚滨海度假区。本规划采用四向开放的交通系统，与南、北、西侧的医务居住区和医养综合区形成便利的空间联系。“空间链”的形成，使本医养社区具备了更加强大的城市服务功能和产业纽带作用，成为核心区医疗、临床试验、医药安评、医养康养和健康度假产业链中重要的有机组成部分。

根据产业功能关系，建设规划用地内包含国医院综合区、医养组团（共 9 个）、社区生活中心区与社区中央公园四种功能区，医养组团包括：汉唯医养区、老年医养区（共 3 个组团）、综合医养区（共 3 个组团）、亲子医养区、高端医养区等。

医养设施采用两级规划结构，国医院为一级医养医护设施，建筑面积约 25000m^2，并配套中医药研究、国际交流、体验展示等功能设施。国医馆为二级医养、医护设施，分布在各医养组团中，一处国医馆建筑面积约 2000m^2。

医养社区生活设施分为两级结构，东侧规划社区中心，每一医养组团均配备邻里

规划用地总指标	
规划建设用地面积	46.0 hm²
规划建筑总面积（地上）	450850 m²
容积率	0.98
建筑密度	30%
绿地率	50%
建筑高度	6~100m

总平面图

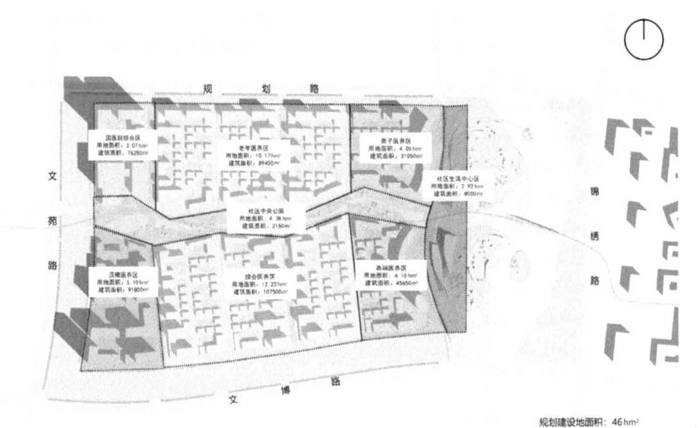

规划建设地面积：46hm²

总建筑面积（地上）：450850m²

建设规划用地

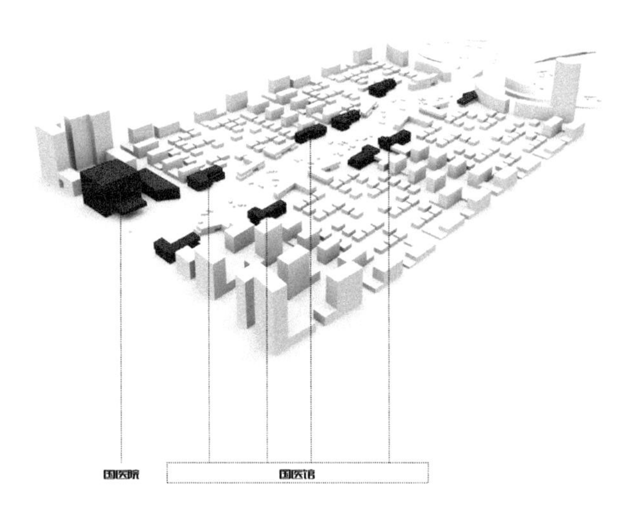

医养设施两级规划结构

生活中心。在综合医养北区配置幼儿园一座。

规划区内设置交通主路、支路以及步行慢行道路系统。交通主路与城市道路相互连接，步行慢行系统与城市健康公园、生命科学园彼此联系。

地面交通系统中，机动车交通线与慢行交通系统分流布局。机动车交通线连接各个地块及城市道路出入口；慢行系统供步行、非机动车、电瓶公交车及医护专用通勤车辆使用，在国医院、各医养组团、城市健康公园及生命科学园设置电瓶车站点。

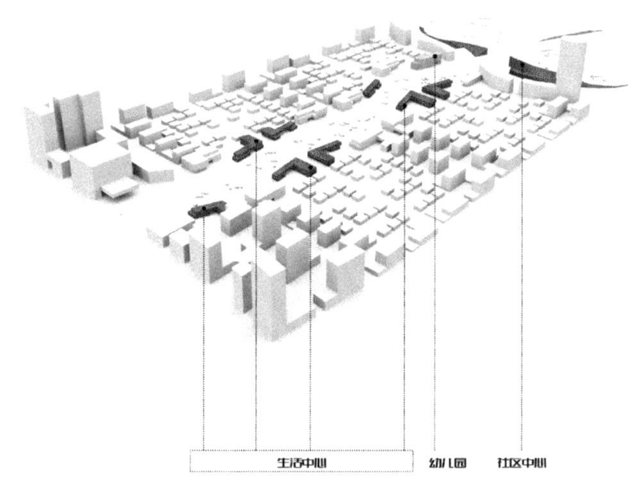

医养社区生活设施规划结构

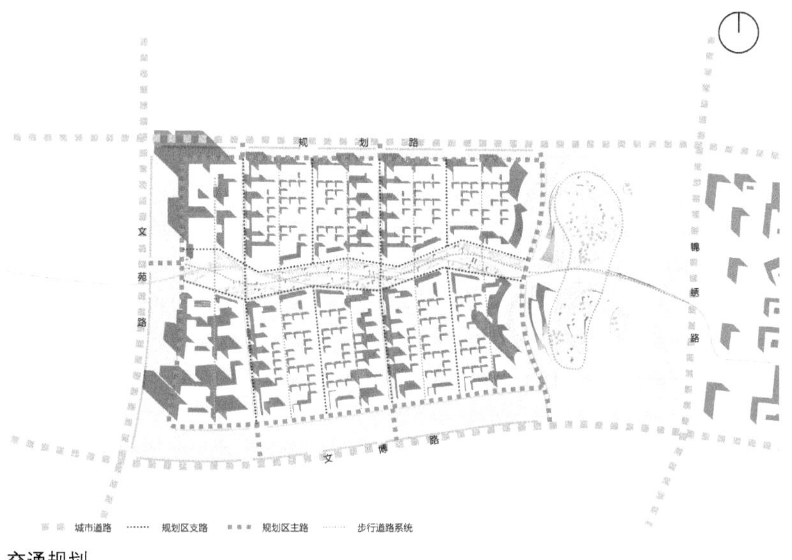

交通规划

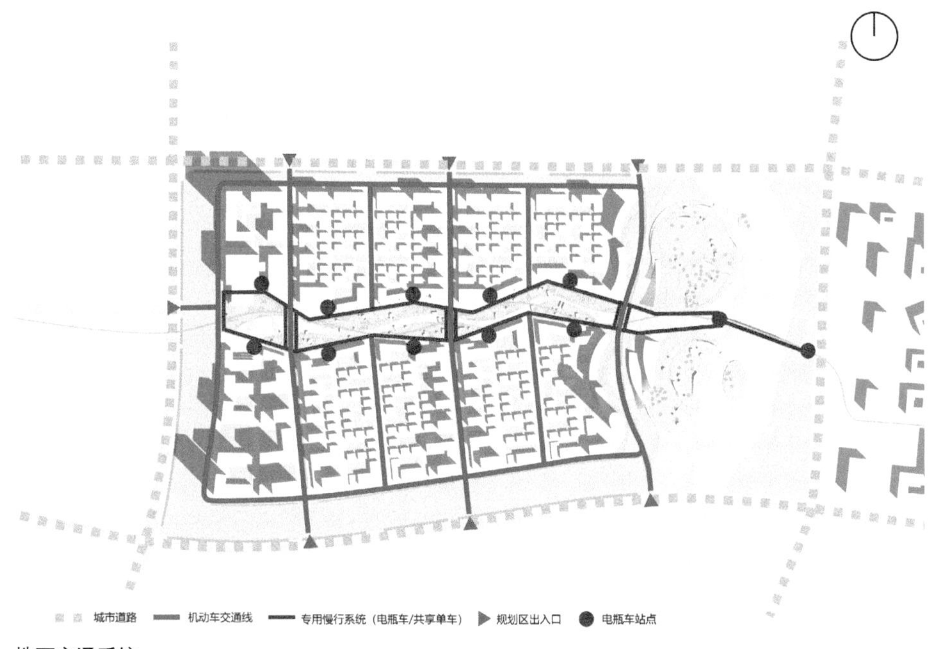

地面交通系统

04/ 规划实施

鸟瞰图

半鸟瞰图

廊坊市广阳经济技术开发区城市设计和控制性详细规划

01/ 项目概况

1. 项目认知

（1）规划背景

1）廊坊全面融入京津冀：《京津冀协同发展规划纲要》指出，推动京津冀协同发展，核心是有序疏解北京非首都功能，廊坊紧邻“一核”、地处“双城”之间、“主轴”之上，全域处于中部核心功能区，将建设成为京津冀世界级城市群的重要节点城市。

2）“中国制造 2025”“开发区改革创新”：国家促进开发区改革和创新发展，“中国制造 2025”“大智移云”等政策推动廊坊市产业转型升级主要方向为“制造业创新、互联网 +”等方向。

3）廊坊市中心城区向北优化拓展——广阳区为重点发展区域：《廊坊市城市总体规划（2016—2030）》中确定中心城区“西拓、东控、北优、南联”的发展思路，廊坊市重点优化工业与服务配套服务设施，吸引高端产业和高素质人才。

（2）区位条件

1）交通条件：在京津冀建设世界级城市群的大背景下，廊坊市位于京津冀城市群的地理中心、京津冀协同发展的核心廊道上，京津雄核心地带；伴随着北京大兴国际机场的修建，廊坊市逐步转化为新的国家门户和京津冀的区域门户。

2）功能条件：廊坊中心城区东部集先进创造产业形成片区，广阳经济开发区西侧毗邻主城中心，东侧临近京津产业带，是城市功能发展轴的东部节点。随着城市产业南拓的步伐加快，广阳经济开发区将成为践行产城融合发展、引领产业创新的前沿阵地。

3）景观区位：廊坊市地处京津保中心区生态过渡带，廊坊市中心城区城市绿环作为北京市南中轴生态绿廊的延伸，基地被廊坊市城市绿环、北旺生态廊道和东南生态廊道环绕。

2. 现状认知

（1）现状用地

用地性质以居住用地、工业用地、公共管理与公共服务设施用地为主。

1）居住用地占城市建设用地的 9.06%。以分散的村庄建设和新建儒苑小区组成，部分村庄已有整治，但是整治不彻底。

2）公共管理与公共服务设施用地占城市建设用地的 5.43%。以商业办公、医院、学校等功能为主，主要分布在光明东道的西侧，以及大东环路中段。

3）工业用地占城市建设用地的 35.38%。集中于泰祥道南侧、物华道北侧、大东环路东部伟业路西部。主要以二类工业用地为主，具有规模性的开发建设活动较少。

（2）现状交通

光明东道和大东环路为连接场地与外部的主要交通道路，路辐宽度较大。产业集中片区路网相对较为密集，大东环路西侧主要为村庄道路，路辐宽度较小。

（3）现状市政基础设施

现状市政基础设施具体有规划的管线分为长输管线和为基地服务的管线两种，污水处理站和基地外围的火力发电。

道路分析图

附属设施分析图

1）为基地服务的管线：主要包括给水、中水、雨水、污水、电力、通信、热力、燃气等。管道主要分布在 4km^2 控规已批范围，沿已建道路敷设。

2）长输管线：高压线；输油输气管道；燃气长输管道。

3）污水处理场：本设施为近期新建，规划予以保留。

4）火力发电：现状火力发电站位于基地西南侧，对基地环境具有一定的影响。

02/ 目标定位

1. 规划目标

广阳经济开发区作为廊坊市中心城区的后发区域之一，要建设成为“集群高地・绿脉智城”经济技术开发区改革发展示范区。

生态・蓝绿交融生态窗口：依托基地内八干渠、九干渠和十干渠，结合林地打造生态网络，融入京津冀生态环境保护大结构。建设与开发以生态优先为核心抓手，突出人与自然和谐共生的发展理念。

生产・集群生产转化高地：在京津冀协同发展大背景下，立足于京津高新技术走廊，增强北京科研成果转化能力。借势“中国制造 2025”“大智移云”等政策引导，结合现阶段土地洼地优势，积极引入智能制造、先进制造等国家级优质产业资源，抓准主导打造集群，引导未来城市产业发展。

生活·健康宜居活力新区：引入生态新城的建设理念及经验，以健康、绿色、智慧为生活理念，通过低碳绿能生活出行体系、生态休闲体系，打造健康宜居生活服务圈。

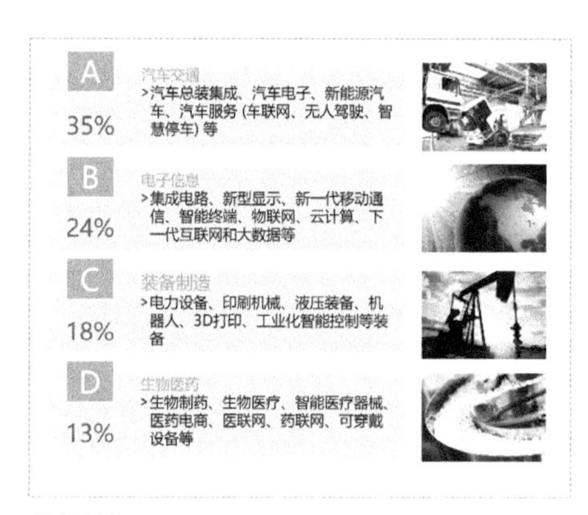

规划目标 -01

资料来源：北京 2017 年北京经济技术开发区统计公报。

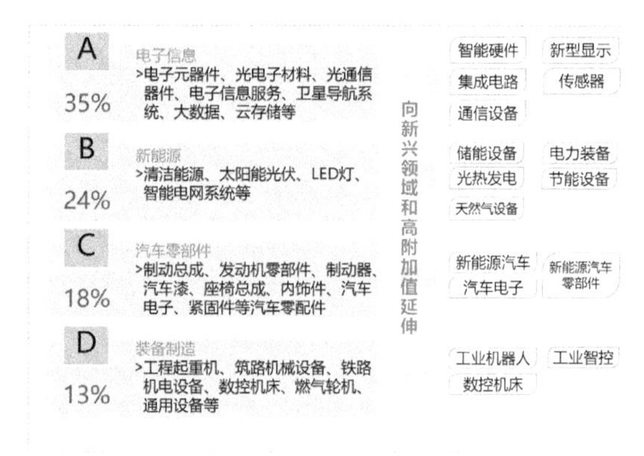

规划目标 -02

资料来源：廊坊经济技术开发区门户网站。

2. 功能定位

打造以高新技术智能制造产业为引领，以先进的生产性服务为支撑，以全面的城市公共设施为配套，以生态宜居为特色的立足廊坊、面向京津冀的高新智造产业新城典范，同时成为国际门户上的复合型活力生态新区。

3. 产业定位

（1）从宏观、中观、微观的交集中寻找广阳经济开发区产业空间，以智能制造为主攻方向，突出生产性服务业和生活性服务业的重要性。

宏观角度，推动“中国制造 2025”，实现高端突破；中观角度，京津冀突出发展先进制造与现代服务业、北京迈向高精尖的产业，并推动原始产业的创新；河北省积极开展对智能制造产业的发展；廊坊市打造战略性新兴产业聚集区。由以上角度可以看出，广阳经济开发区产业发展，需要聚焦高新智造，构建新一代以制造业转型升级智能化发展为方向的产业主体；同时，激活城市效率，积极发展以技术服务、中介服务为核心的服务类产业。

（2）顺应国家产业战略形势，发挥京津高新技术产业带的带动作用，同时基于广阳经济开发区现状产业条件，提出“2+1+N”的产业体系。以智能制造和智慧物流为核心引领，以科研服务为创新发展源动力，以生产性服务和生活性服务为配套保障。

（3）广阳经济开发区应依托北京产业高地，利用产业高地驱动力，与之形成协同发展态势；同时，应侧重发展与廊坊市经开区相关产业的延伸工作，积极沿产业链向新兴领域和高附加值领域延伸。

（4）广阳经济开发区是京津高科技走廊核心节点，可侧重发展与京津相关产业协同领域，重点发展智能制造产业，包括新能源汽车、电子信息设备制造、高性能医疗器械制造。

（5）建立科研服务中心，与创新源头的知识集群积极联动，设立工程研究中心、国家重点实验室、联合创新平台，实现知识集群引领产业发展，实现知识集群引领产业发展。

（6）面向创业企业、成长型企业，完善生产性服务业，重点提供信息、科技和商务等服务；面向产业技术人才，园区居民与工作人口，配套商贸服务、教育培训、医疗服务、体育休闲服务等生活性需求，提供可以对标北京的生活服务。

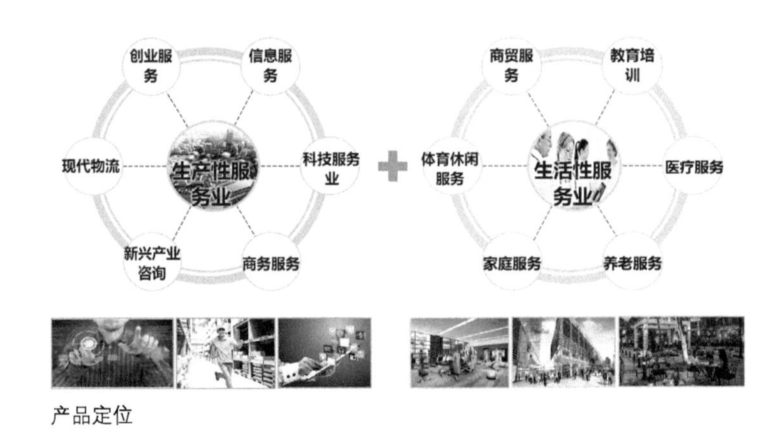

产品定位

03/ 规划内容 & 技术创新

1. 设计理念

（1）“弹性规划，韧性城市”为核心理念，打造生态科技弹性布局，产业模式具备包容性，开发时序明晰的韧性生长的城市。

空间弹性：与自然为友，打造弹性的社区；片区空间模式弹性化，面向龙头企业、小微企业多样化选择。

产业弹性：产业模式可支撑多样制造业入驻；多样化产业模式有助于经济技术开发区弹性生长。

时间弹性：采取置换升级措施，打造弹性化的开发时序。

（2）多重网络体系下的开发区发展。依照设计目标与要求，在高新产业集群发展以及生态文明建设的双核驱动下，打造多元复合空间网络体系，进行生态为导向的开发。

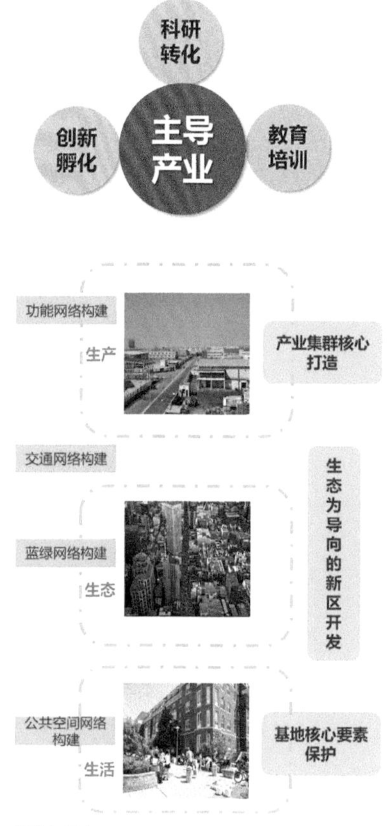

设计理念

2. 设计策略

在设计理念的指导下，提出设计策略：以生产、生态、生活为结构，分别从功能、交通、蓝绿体系、公共空间多重网络体系下发展开发区。

3. 平面布局

广阳经济开发区地处京津冀城市群，将其打造成一个国际知名的“产学研”动能转化基地，承接并影响周边区域的产业共同发展。

水脉、绿色开敞空间共同界定了其独特的城市肌理，将有助于创建一个独具特色、多功能的片区，吸引优秀的企业及顶尖人才入驻。

（1）在整体的城市设计中，整体界面应保持适宜的连续性，在公园、水系等开敞空间应打开视野，塑造开敞空间，整体界面开合有序。

（2）以地块内水渠、绿地等生态环境的分析为基础，明确水系、公园、地标、道路之间的视廊关系，塑造 7 个节点、门户空间，在整体布局中呈现组团式空间发展形态。

（3）在街道的整体设计中，在百诚路、百川路、兴业道和呈祥道上，整体形态应展现快速、连续的现代城市风貌，街道的对景空间应有指示性，塑造标志性建筑，体现丰富及多样变化的天际轮廓线；在建筑空间设计中，建筑界面应有连续性，适当退让出街道空间，并尽量保持街景变化，以富有活力。

鸟瞰效果图

总平面图

4. 功能结构

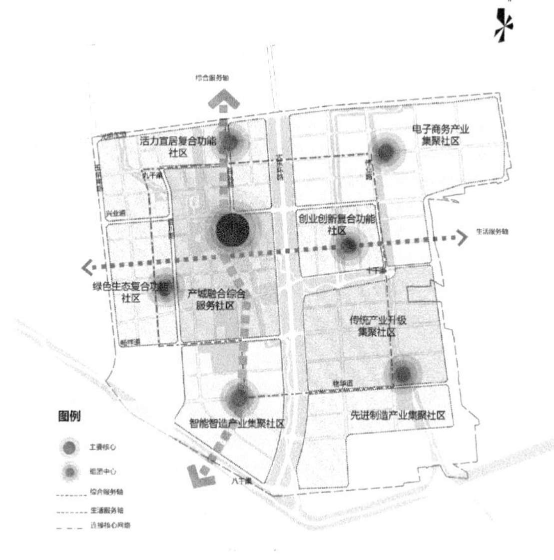

功能结构图

“一心”指围绕由九干渠打造的北旺公园为生态中心，打造成为文化体育、商务商业、科技研发复合的综合服务核心。

“两轴”指南北贯穿的综合服务带，指以工业记忆广场、北旺公园、物华公园及南侧社区中心连接起来所形成的综合服务带。东西纵横的生活服务轴，指以兴业道上以北旺公园为节点及东部创业创新中心两大节点连接组成生活服务轴。

“多社区”包括活力宜居复合功能社区、绿色生态复合功能社区、综合服务社区、创业创新复合功能社区、电子商务产业集聚社区、传统产业升级集聚社区、先进制造产业集聚社区、智能制造产业集聚社区。

5. 道路交通系统规划

（1）道路网规划

以大东环路、光明东道、兴业道、畅祥道、物华道、庆祥道、畅祥南道、宏业路、伟业路和新业路为骨架，并且遵循廊坊市总体规划的道路交通规划，延伸到整个地块的路网布置，并且增强支路网的集散。针对不同用地类型及开发量，进一步进行交通区域分析，对区域交通组织进行优化，并采用科学的交通管理措施，以提高道路交通通行能力。

干道路网布局为：主干道 5 横 4 纵，主干道的道路网密度为 1.72km/km^2；次干道 4 横 7 纵，次干道的道路网密度为 1.83 km/km^2。

考虑到兴业道所处位置及功能，建议将其降级为城市主干道，能更方便有效地服务于广阳经济开发区。

（2）公共交通规划

公交优先，多种模式换乘便捷性，形成高效便捷的复合型园区交通体系。

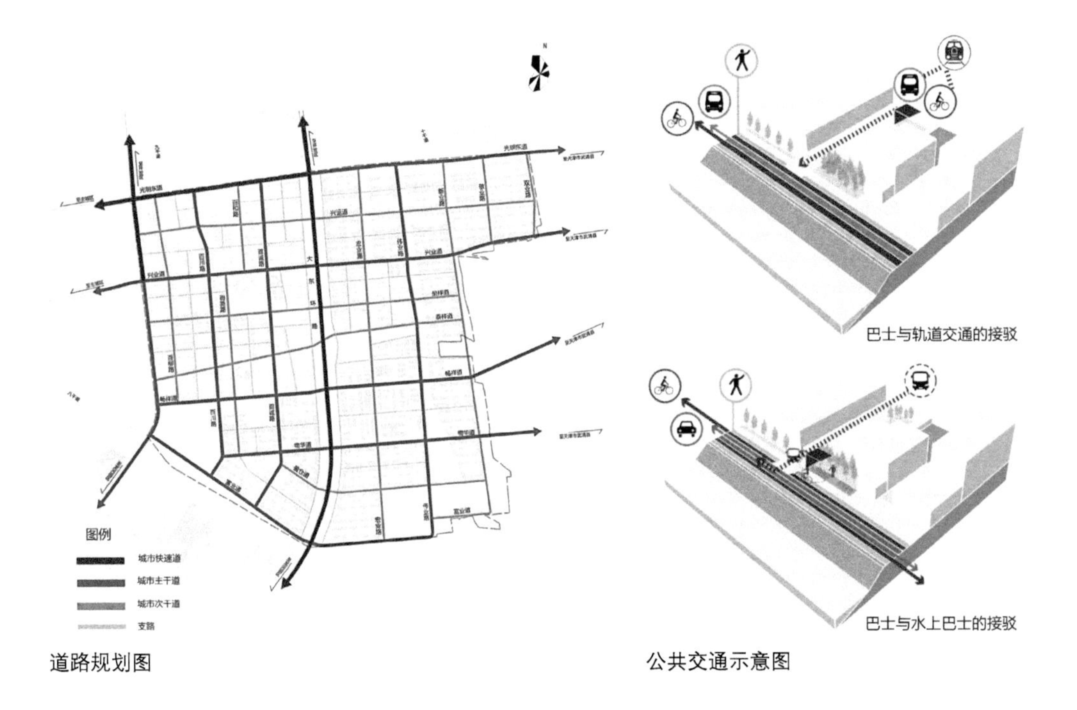

道路规划图　　　　　　公共交通示意图

规划上，增加一些趣味性的高效率的多样化交通方式，其中包括对接环城水系的水上巴士，主要沿九干渠水系构建。同时，增加经济技术开发区内智慧的形象，运用中小运量的比亚迪云轨（高架起来的轨道交通）。串联各个中心的服务点，形成点与点之间的快速交通，提高经济开发区内的生产效率。

（3）慢行系统

应充分利用和优化配置道路资源，合理利用道路、河道两侧绿带、公园绿地，营造舒适慢行环境。

1）构建慢行走廊 + 公共交通的绿色交通体系：慢行走廊以城市道路为主线，将绿地系统、公共交通系统串联，并结合街道属性、地块特色，打造慢行廊道；另外，应特别注重慢行走廊与公共交通的衔接，除了使慢行休闲走廊出入口与公共交通站点相邻外，还应在公共交通站点布设非机动车停车区，以便于居民出行换乘。

2）强化慢行空间：城市道路断面应充分预留足够慢行空间，非机动车道不小于 3m，人行道不小于 3m；休闲廊道应充分考虑非机动车与人行通行的需要，尽量实现人非、动静分离。

3）过街设施以城市道路人行道为主。

①慢行交通系统——自行车。主要分为三类：设置绿化隔离带的自行车道；与机

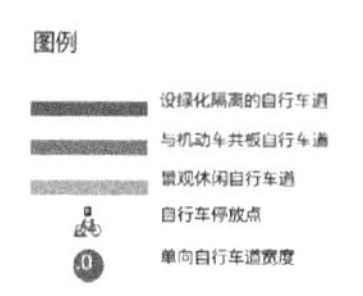

自行车系统规划图

步行系统规划图

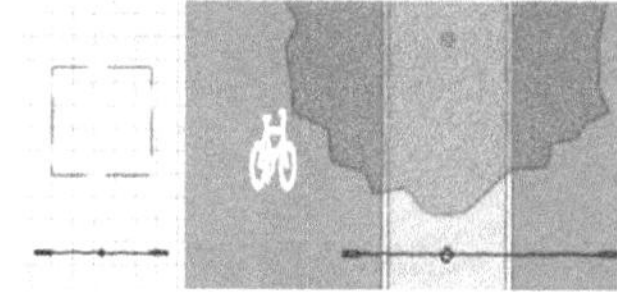

自行车道-有足够空间时(设绿化带隔离专门供自行车使用)

共板路-当空间有限时 (分隔线或不同铺装指示出自行车行车区域)

自行车道-景观休闲作用的自行车道 (滨河观景休闲车道)

自行车道示意图

动车共行的自行车道；景观休闲自行车道，景观休闲自行车道以地块内规划的景观带、滨水廊道为主要路线。

②慢行交通系统——步行道。主要分为：典型人行道——典型的城市生活的人行道；商业步行道——步行街为主；滨水步行道——滨水及公园内慢行道。

6. 公共空间

（1）空间结构

“一核四心，点轴相承”：“一核四心”由北旺公园构成的核心区以及各个组团中心绿地组成；“点轴相承”以工业生态景观轴展示轴、创新科技景观轴与北旺公园核心，各个组团中心共同构成“核生轴、轴生带”的景观框架。

“蓝脉网络，绿心均布”：依托生态安全格局，利用现状九干渠和十干渠以及生态敏感区作为生态斑块与廊道，并由中心物华公园向东、向北、向西延伸。

（2）轴线

共打造 4 条景观轴线，分别为将光明东道打造为整体城市形象展示轴线，将大东环路打造为生态城市形象展示轴线，将呈祥道打造为创新科研形象展示轴线，将百诚路打造为创智形象展示轴线。与多元开敞空间共同构成点轴布局、网络复合的景观框架。

（3）节点

广场公园：在整个蓝绿体系中，打造多个广场公园节点。

北旺生态公园：围绕九干渠打造生态的河段，通过海绵城市的手法合理进行雨洪管理，保留生物栖息地和迁徙廊道，打造生态的中心公园。

物华公园：保留工业印记成为物华公园的独有标签，以良好的生态环境和独特意义的人文记忆，形成集社会、经济、环境发展等为一体的可持续性生态公园，以满足城市社会发育与自然环境改良的双重需要。

古梨公园：以现状的古梨园为本底，融入基地乡土民俗文化，打造成为“乡愁公园”。

科技广场：规划在科技研发复合社区组团中心科技广场引入“共享空间”设计理念，打造区域交往中心，激发科技创新活力。

工业记忆广场：作为门户广场设计融入“新过去新未来”的设计理念，提炼场地采油机的元素，用后现代主义手法进行诠释，展现广阳经济开发区的历史积淀以及崭新未来特征。

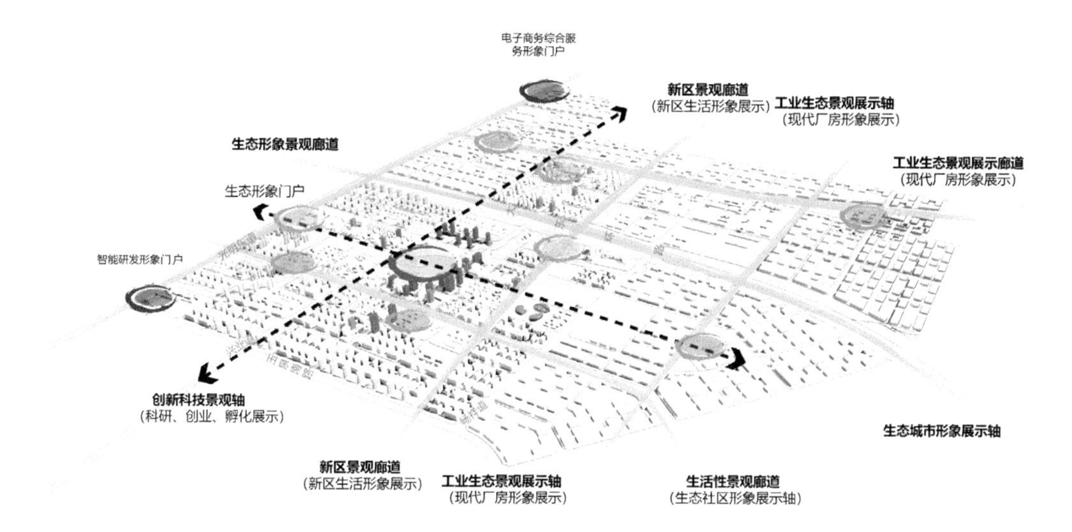

空间结构分析图

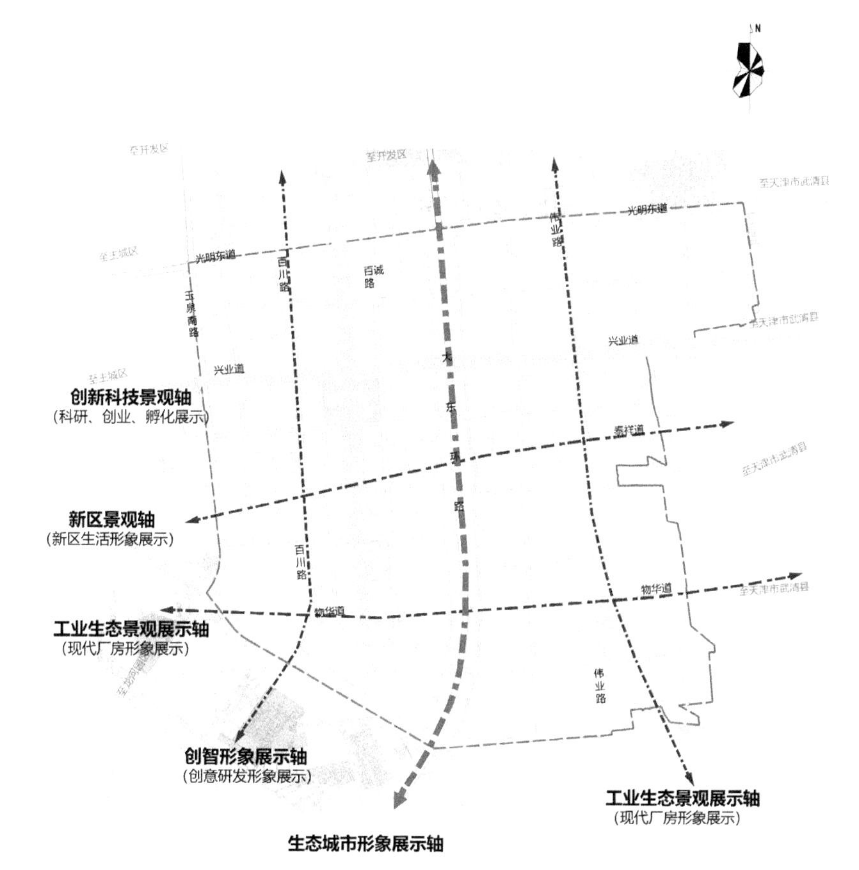

生态形象景观轴

功能示意图　　城市景观系统——节点规划图

门户地标：规划在光明东道设立多个门户节点，以建筑地标、开放空间等多种手段塑造门户形象、智能研发形象门户；电子商务服务形象门户；生态形象门户。随着进入开发区的过程，有节奏性和韵律感的设立地标，使经济技术开发区形象得以提升。

7. 重要节点设计

“产城融合”理念下的城市配套功能服务片区，从本地常住居民、开发区产业人群、外来商务人群等需求出发，配备生产性服务业以及生活性服务业。包括城市商业、商务、酒店、家庭休闲娱乐等，塑造宜居活力组团。

（1）功能分区

建筑功能主要以商业商务建筑、康体娱乐建筑、南部专家公寓、生态住宅、中小学以及体育场馆等几个主要功能为主，形成综合服务核心。

（2）建筑高度

城市天际线设计整体遵循“中间高，四周低”的总体原则。其中：中区 CBD 区域为制高点，向四周逐渐降低；南区物流仓储区为产业园范围内最低，由沿河向中心片区逐渐升高。

（3）视线

沿湖中心商业与商务片区，作为城市制高点，应以地标标准打造为城市高点，形成聚合的生活气氛区域；同时，错落的建筑布局不影响后方建筑享受优美湖景，保证沿

局部平面图

1. 露天剧场
2. 生态住区
3. 会议中心
4. 影剧院
5. 商业综合体
6. 风情街
7. 北旺生态公园
8. 科创绿洲
9. 文化体育中心
10. 科研交流中心
11. 兴文公园
12. 科技广场

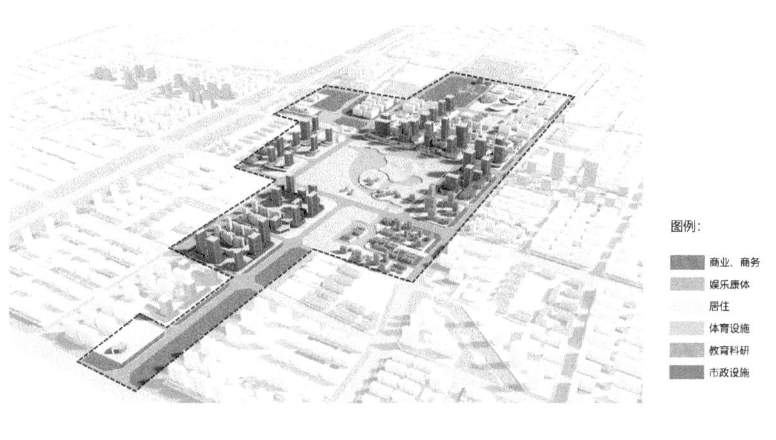

功能分区分析图

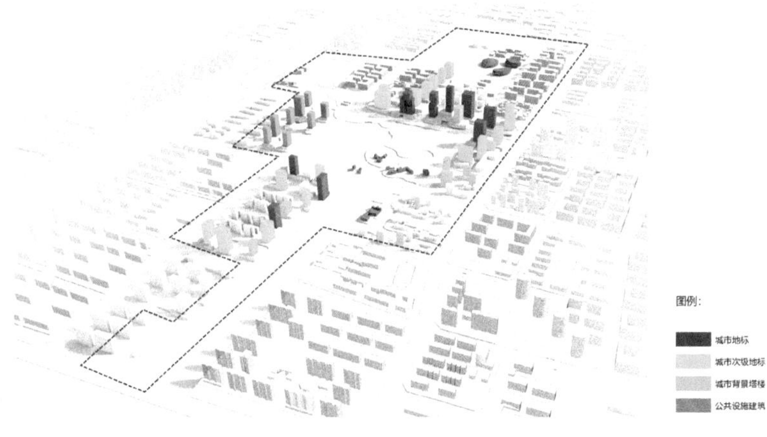

建筑高度分析图

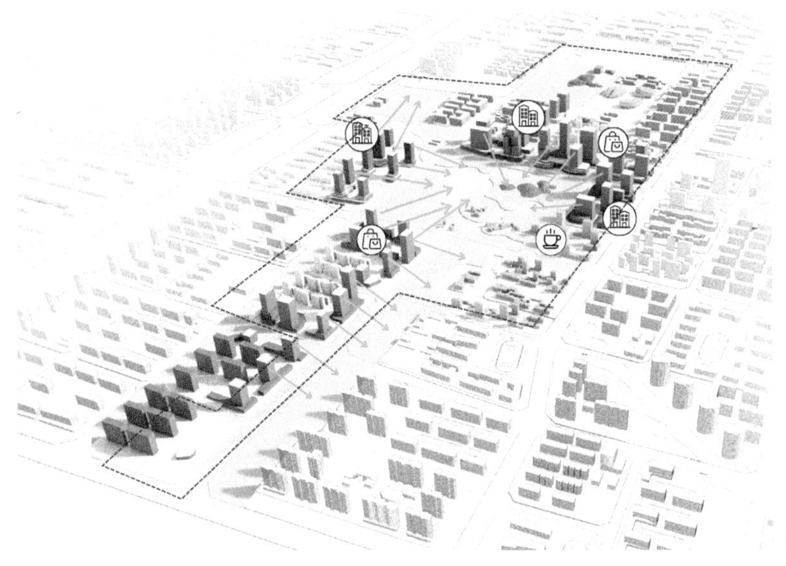

视线分析图

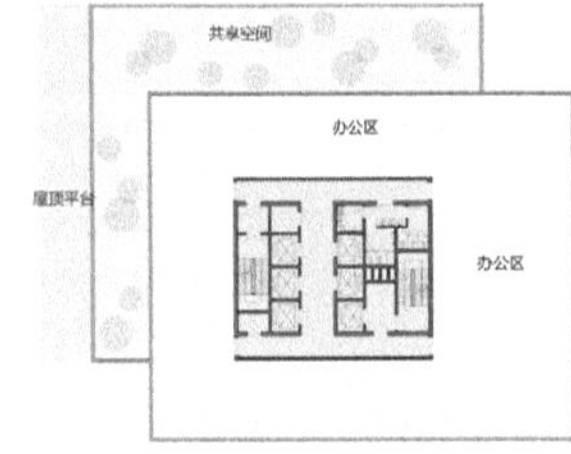

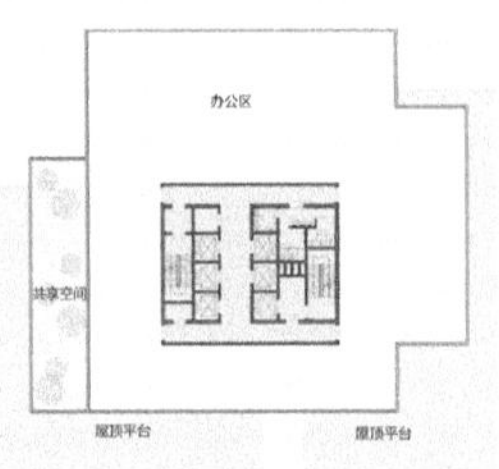

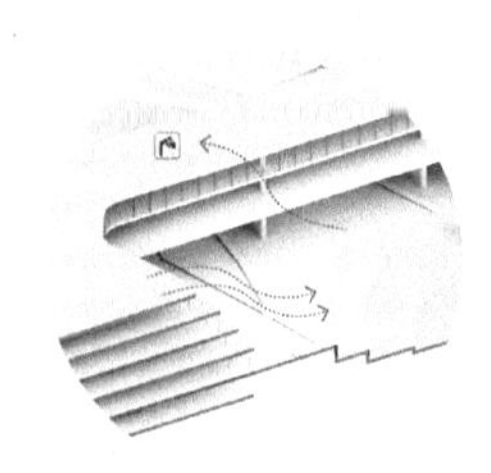

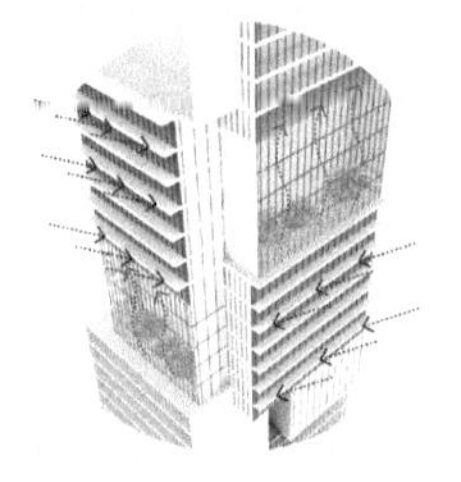

建筑局部示意图

湖景观的最大化效益。

（4）建筑设计引导

“水绿相连、城景互融”的自然环境与精心规划，疏密有致的建筑形式相辅相成，办公、商业、文化等多功能物质要素围绕北旺公园合理组织，成为一道靓丽的风景线。

重点片区建筑设计，立面主要强调了其轮廓线的连续性，以便于创造富有层次感和韵律感的城市天际线，享受优美的自然生态环境。

中心商务区建筑群采用退台模式，最大化利用滨水的景观，同时为使用者创造更多的绿色休息空间。 东西两侧阳台平台，有助于抵御西晒，提高使用者的舒适性，并且打造绿色、生态、节能的新型办公商业建筑。

同时，绿色屋顶花园的大面积使用，有利于雨水回收，减慢暴雨天气时雨水的排速，提高场地内自身消解雨水的方式，回补地下水位，为生态环境做出直接的贡献。 绿色建筑花园，对楼宇的使用者不仅是娱乐休闲的处所，同时也能调节楼内自身气候，减少碳排放和能源消耗。

04/ 规划实施

夜景鸟瞰效果图

局部鸟瞰效果图

人视效果图 -01

人视效果图 -02

日照市东港区城西片区城市设计

01/ 项目概况（项目背景）

东港城西片区位于日照西部门户，东临老城中心区，南临高铁新区、西有空港区，北有高新区，总面积 7.17km^2。对外通过高速、高铁、机场与周边区域城市紧密联系。对内山东路、海曲路、迎宾路三条东西向城市主干道与城市中心无缝对接，南北向合村路、丹阳路与北部高新区、南部经开区、临港区一体化联通。作为城市西部门户，工业衰败、设施老化、居住品质下降已经成为当地人的普遍印象。在新的发展时期，城西片区将承载产城融合的历史使命，实现城市品质化扩容的战略支点，迎来了实现历史性跨越发展的关键机遇期。

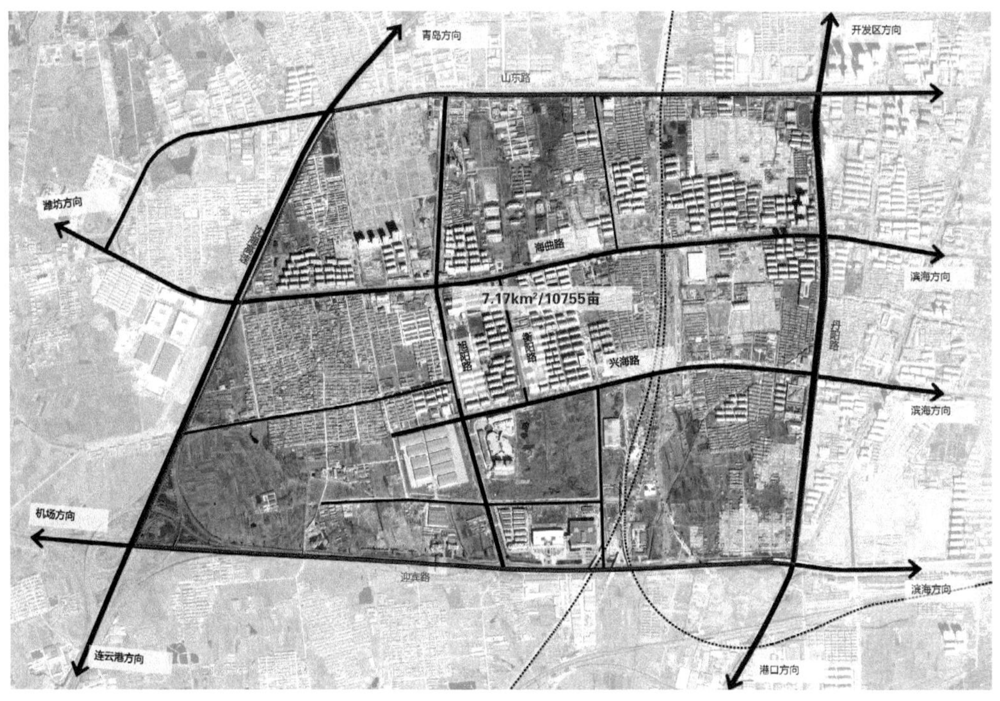

规划范围

02/ 目标定位

立足于“一带一路”“新旧动能转换”的时代要求，发挥城市门户、道路通达的基地优势，规划城西片区以创新、创业为驱动，以总部服务、现代物流、现代商贸为导向的智慧宜居新城。将项目打造成物流产业的服务高地、跨境商贸的重要平台、产城融合的核心纽带、宜居宜业的城市典范。

03/ 规划内容 & 技术创新

1. 优化土地利用，实现功能效益最大化

立足基地现状条件，优化功能部署。东向承接老城区的人口疏散和居住功能；南向突出城西形象展示的门户功能，重点培育物流总部办公、现国际代商贸、现代物流、都市农业等产业功能。西向处理好生态防护和跨高速交通联系的要求。北向完善高品质生活配套。

2. 创造特色中心区域，展现独特门户形象

（1）核心打造：日照最大的物流总部集聚区

以物流总部集群为主导，通过节点标志性空间的打造，形成总部办公、总部结算、物流调度、金融商务的网络经济体系。通过带状公园的廊道延伸，拓展产业功能向居民生活区的休闲导向。

（2）核心打造：山东省首家跨境购物公园

立足于日照“一带一路”桥头堡节点城市，响应日照全面推广电子商务出口业务发展战略，融入日照文化，打造山东首家跨境购物公园，集免税、出入境商品展示交易、全球购、星级酒店、日照文化运动体验为一体的多模式跨境购物体验中心，形成日照“主客同享”的一站式现代商贸新地标。

（3）核心打造：日照现代物流基地样板

引导传统物流产业的转型发展，整合现状物流企业及资源，打造电商、仓储、配送、金融科技四位一体的现代物流产业链，凸显现代物流基地的高效与科技。

鸟瞰图

（4）核心打造：现代农业新六产的实验平台

充分利用基地内部的基本农田用地，融入城市农业公园理念，形成智慧农业、农产品加工、农业休闲、农业体验为一体的农业新六产实验展示。

3. 城市滋补理念，探索休闲城市的嵌入空间

根据基地居民配套需求和出行半径，嵌入式配套生活设施，满足项目地块规划 8 万人的居住、医疗、教育、健身、康养、出行等生活需求，引领城西片区居民由工厂式的生活方式向城市休闲的品质转变。

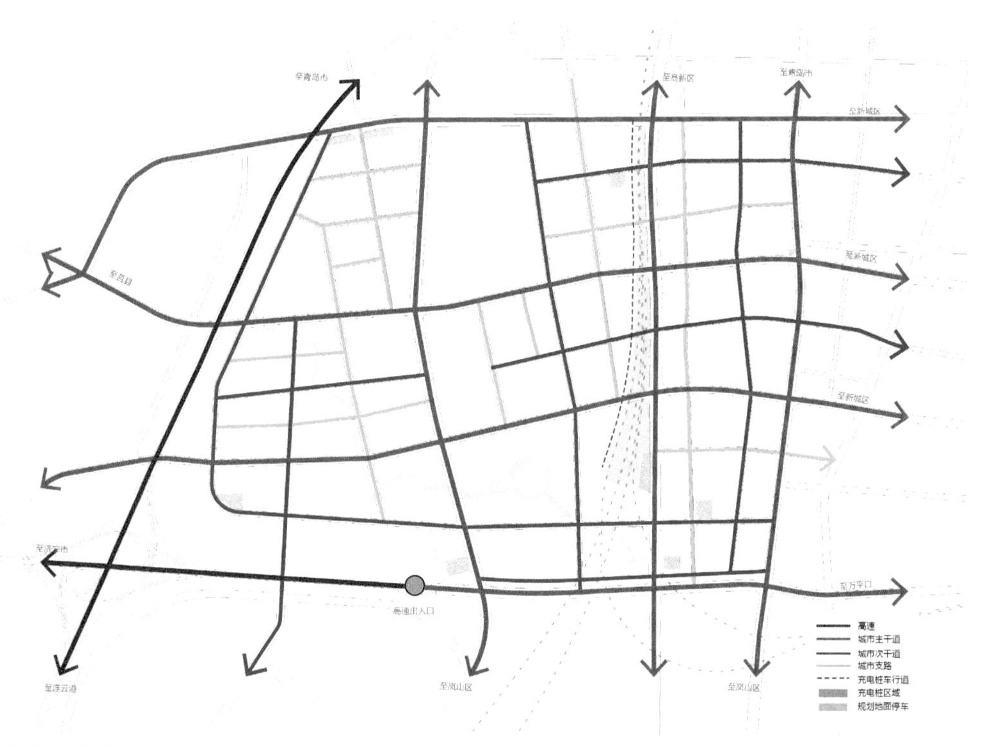

道路交通规划图

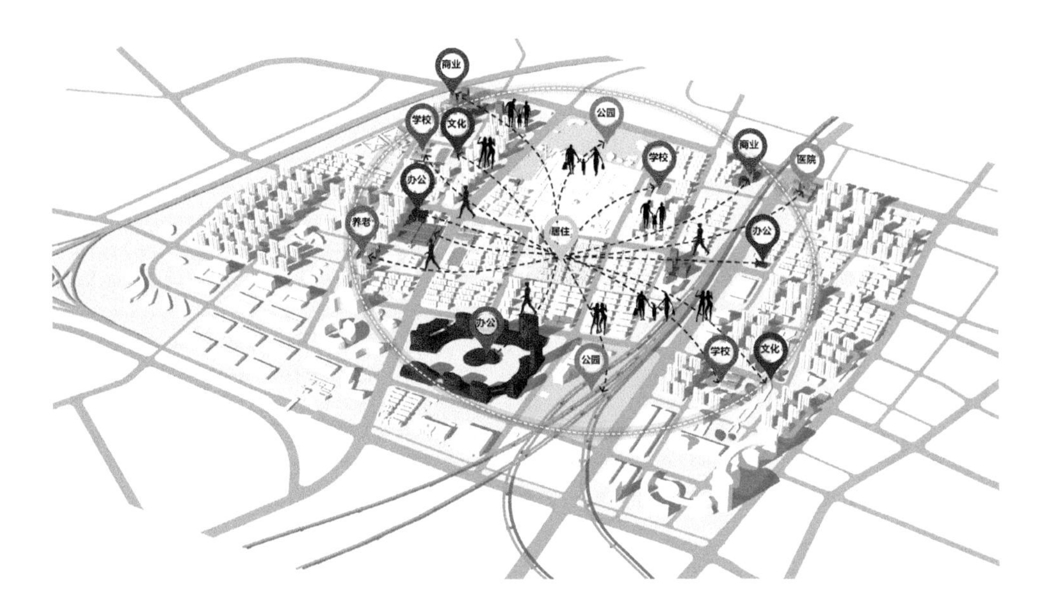

公共服务设施规划图

04/ 规划实施

1. 土地集约混合利用

通过叠加用地现状、土地整理、产业布局、道路交通、公共配套、居住生活和生态绿地，形成高效混合的土地利用规划。相对于该地区控制性详细规划，本次土地利用重点强调产业功能的布局、用地混合功能的完善以及配套设施的均衡性。

2. 开发效益

整体规划形成 9 大片区，217 个地块，总建筑面积约 850 万 m^2。整体项目拆迁和土地整理成本 28.85 亿元，基础配套设施建设 25.75 亿元，总支出 54.33 亿元；用于土地出让的土地 192.75hm^2，总收益约59.91亿元，通过土地运作，整体开发结余5.58亿元，将带动 1.5 万个直接就业岗位。

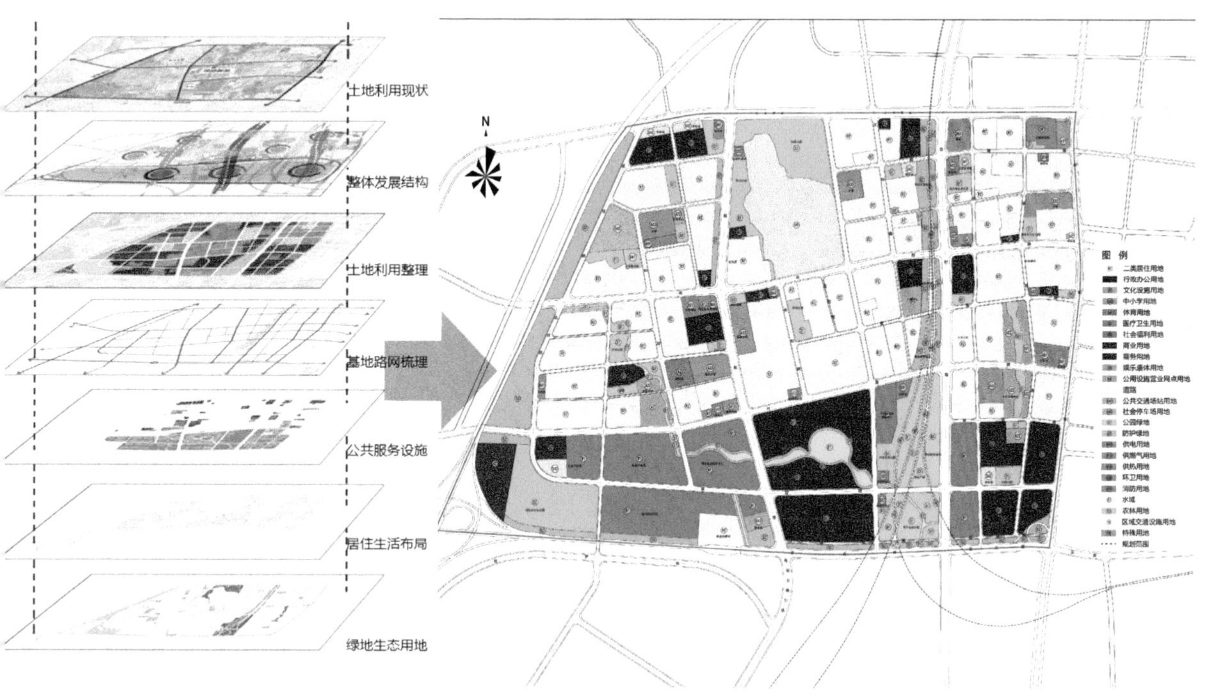

土地利用规划图

3. 开发时序

近期：在城中村改造的基础上，重点完善北部居住功能及相关配套设施，推进15.2km 道路建设。南部打造现代商贸的跨境购物公园和现代物流板块，提升城区特色与品质。

中远期建设物流总部中心，强化产业的区域集聚能力，完善居住休闲组团功能，实现产城融合发展。

廊坊东站片区城市设计和控制性详细规划

01/ 项目概况

1. 基本情况

京津冀区域协同发展背景下，区域交通网络已进入实质性建设阶段。项目紧邻银河北路（104 国道）与大北环，距京津塘高速约 7km，距密涿高速约 6km，距离中心城区约 5km。S6 联络线串联北京顺义区、通州区、大兴区和廊坊市九州组团、万庄组团，全长约 138km。廊涿城际线路与之共轨，建成后，北京与廊坊“同城效应”将更加凸显，助推廊坊承接北京非首都产业转移。S6 联络线与京雄铁路在北京大兴国际机场换乘，与城市轨道在本项目地块内换乘。

廊坊东站位于望京大道与大北环路交叉口以西位置，所在区域为城市重要节点和门户区域。通过加强该区域城市设计，并融合落实于控制性详细规划中，不仅可以科学引导站点与周边土地综合开发利用，促进土地集约紧凑发展，提升城市发展活力，而且可以完善站点周边公共交通一体化，从而更好地带动片区的整体功能提升，为城市融入京津冀区域协同发展大局奠定基础。

整体规划区：南至环城绿带、北到纬三路、西到西昌路、东到望京大道，占地面积约 4.4km^2。其中核心区范围：南至环城绿带、北到纬一路、西到经七路、东到经九路，占地面积约 1.1km^2。

基地现状主要以村落、农田为主，华为廊坊生产基地、华为公寓、中科廊坊科技谷坐落于地块内。生态环境、自然景观皆良好，总用地面积约为 4.25km^2。

2. 项目上位规划

本项目依据城市总体规划，结合所在区域控制性详细规划，从结构、生态、功能、交通、文化等方面对站点周边地区现状调查分析，重点从功能定位、综合交通、地上及地下空间结构等方面研究。旨在通过轨道交通站场建设与城市发展模式之间内在联系的深入剖析，运用城市设计手段，最终转化为控制性详细规划技术内容，合理引导站点周边地区规划设计与开发建设，提高轨道交通站点周边土地高效集约利用，增强轨道交通服务能力，最大限度提升站点周边城市活力，带动片区及城市整体发展。

02/ 目标定位

1. 定位

S6 联络线连接首都机场 T3 航站楼至北京大兴国际机场，建成后，北京与廊坊“同城效应”将更加凸显，助推廊坊承接北京非首都产业转移。廊坊东站是 S6 联络线进入廊坊的首站，有城市名片效应，同时在该片区完成与城市轨道的换乘。

本项目定位：廊坊市连接到北京的大接驳点；廊坊市面向北京的新增长极；廊坊绿色发展的整合圈层。

2. 规划构思

（1）轨道交通的影响分析

1）轨道交通对城市发展的影响

首先，基于城际铁路对所在地区一般发展影响的分析，确定车站地区普遍适宜发展的产业类型；廊坊东站地区是依托城际铁路而发展的区域，城际铁路是该地区社会经济发展的首要引擎，因此东站地区的产业定位首先要分析城际铁路车站对地区的影响。根据国外发展经验来看，车站对地区发展的影响主要有：

①提高地区可达性，提升城市和地区的影响力。

②促进产业结构优化升级。

其次，对城市发展需求进行分析，确定城际铁路新区在城市产业发展层面应承担的任务。城际站地区作为城市空间重要组成部分，其功能定位更重要的应从城市需求方面进行确定。城市对城际站地区的需求集中表现在以下两个方面：

①外在需求，把握机遇，积极融入区域发展环境。

②内在需求，廊坊东站新区城市发展的需求。

随着廊坊地理位置优势逐渐显现，未来廊坊东站片区产业人口与消费能力势必增加，需要相应的配套三产（如商务办公、商业服务等业态）来支撑整个新城的发展。基于廊坊东站的城市发展需求确定本项目应承担的职能，为新区的持续稳定发展提供足够的硬件保障。

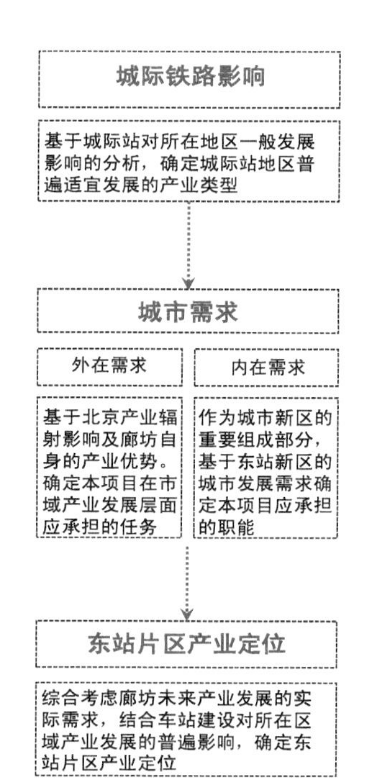

影响分析图

2）轨道交通对产业发展的影响

城际站的建设会为商业、商务、现代服务业等带来新的契机，城际站核心区域的功能类型也应以商业、商务、现代服务业等设施为主。

3）轨道交通对地区目的人流的影响

城际铁路相对于传统的路上交通最大特色就是促进城市间商务、公务、旅游等高消费人流的出行活动，从而带动区域的快速发展。国外经验表明，城际铁路最吸引人群为商务人士和旅行人群。据美国加州铁路交通比较研究，发现在短距离出行人群中，选择高速铁路的主要有商务人群和通勤人群。

（2）规划理念

1）TOD 模式——以公共交通为导向的发展模式

“以公共交通为导向的发展模式”，其中的公共交通主要是指火车站、机场、地铁、轻轨等轨道交通及巴士干线，然后以公交站点为中心、以 400 ~ 800m（5 ~ 10min 步行路程）为半径建立中心广场或城市中心。

空间特征——圈层布局：第一圈层，核心区，是包括交通核在内的服务区域，与站点建筑和公共空间直接相连的街坊或开发地块；第二圈层，影响区，是对第一圈层各种功能的拓展和补充，与轨道功能紧密关联的地区；第三圈层，辐射区，是非直接关联区域，间接催化作用。

2）倡导高效、畅达、人性化的一体化规划理念

一体化设计的主要内容包括土地利用、交通接驳、地上空间综合利用、城市空间形态等内容，包含三个层面：

①车站和接驳设施的一体化，提高枢纽本身的运行效率，营造高效、畅达、人性的车站空间。

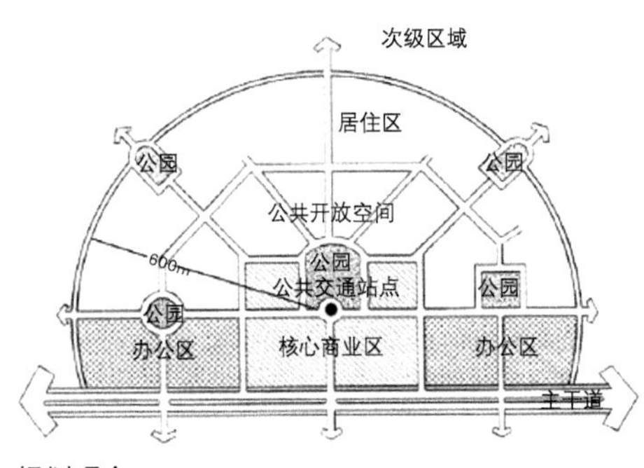

规划理念 -01

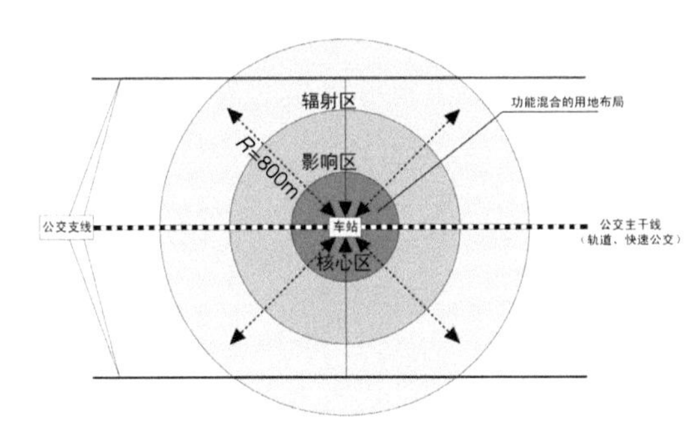

规划理念 -02

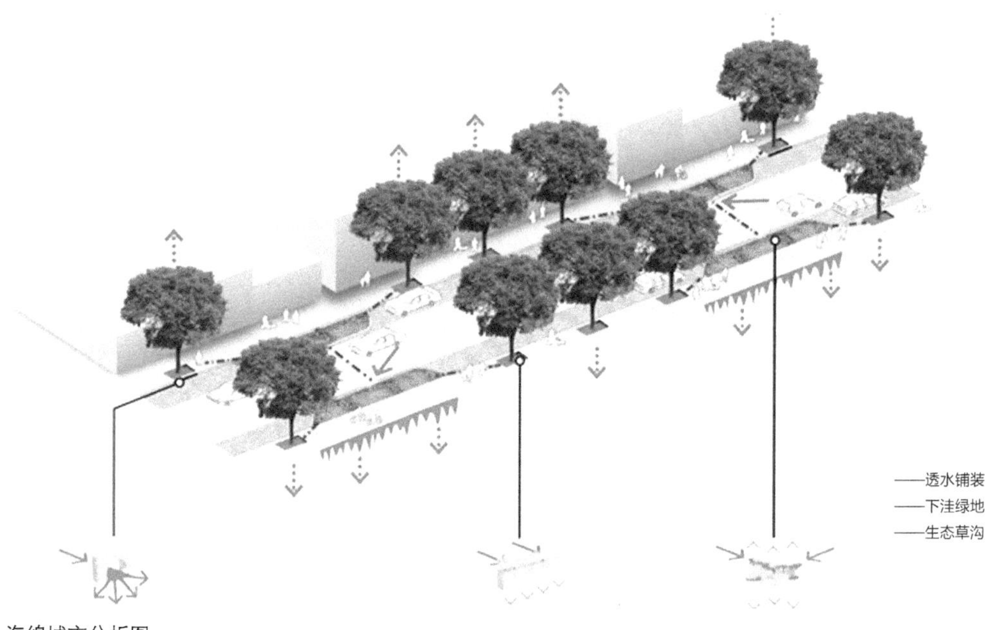

海绵城市分析图

②交通枢纽与城市的一体化，带动城市发展，营造以枢纽为核心的城市公共空间和片区开发核心。

③车站周边的城市建筑布局一体化。

3）运用海绵城市的生态规划理念

手段 1：道路与景观结合减速雨水径流，提升景观生态效应；

手段 2：生态型开发，在城市中保留足够的生态用地；

手段 3：水循环的完善与海绵社区的建设。

03/ 规划内容 & 技术创新

1. 规划内容

（1）规划规模

规划区总面积 424.83hm^2，其中城市建设用地面积 348.3hm^2，占总面积的 82%。

总平面图

鸟瞰效果图

（2）规划结构

总体形成一核两轴、多片区的规划结构，依托轨道交通站前门户地区优势，提升城市活力，带动产业优化， 提升环境品质，塑造充满活力的城市门户片区。

一核：车站核心功能区。

两轴：中央商务景观轴；纬一路形象展示轴。

多片区：商务公园区；科研产业园；高新技术加工区；宜居生活区。

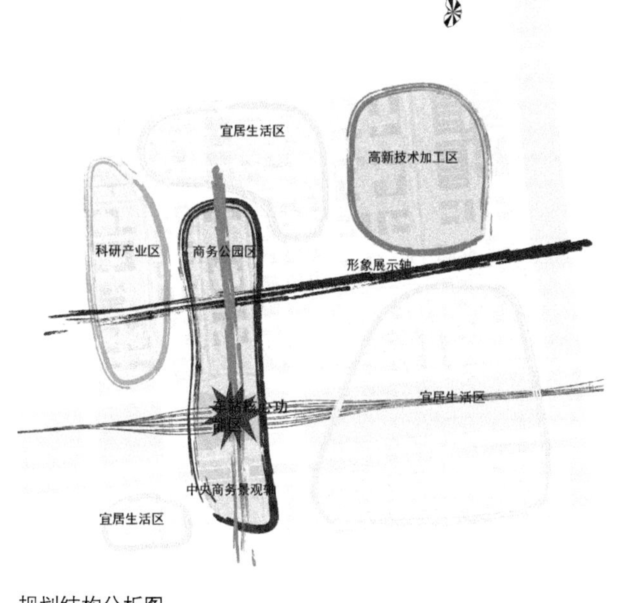

规划结构分析图

（3）城市形态与建筑功能

1）核心区建筑形态与天际线控制

项目轴线创造平衡感和秩序感。主轴线是贯穿地块的创新中央公园。

塔楼围绕主轴线设置，保留高铁站和主轴线之间的视觉连接。形象展示大道为凤仪路，是主要的车行出入通道，同时提供绝佳的观赏视野。

塔楼高度的安排强调主轴的对称性，同时也界定形象展示大道。

错落有致的塔楼，考虑日照和景观。

2）界定广场

塔楼围绕广场、绿色廊道、主轴线布置，烘托塔楼作为各组团中心的显要位置。

3）塔楼高度

地标塔楼是项目内最高的两幢建筑，两幢建筑的高度都是 130m。其余高楼的高度在 55 ~ 100m 之间，在规划地块内均匀分配，避免在天际线上形成一堵实墙似的景观。

4）建筑功能在整个板块中，建筑功能呈现圈层布置的特点

① 在靠近车站的第一圈层里，主要设置城市商务、商业、金融综合体，贸易，服务，展览等功能。

② 在第二圈层里，主要设置产业共享，配套设施，展览会议，培训服务机构等功能。

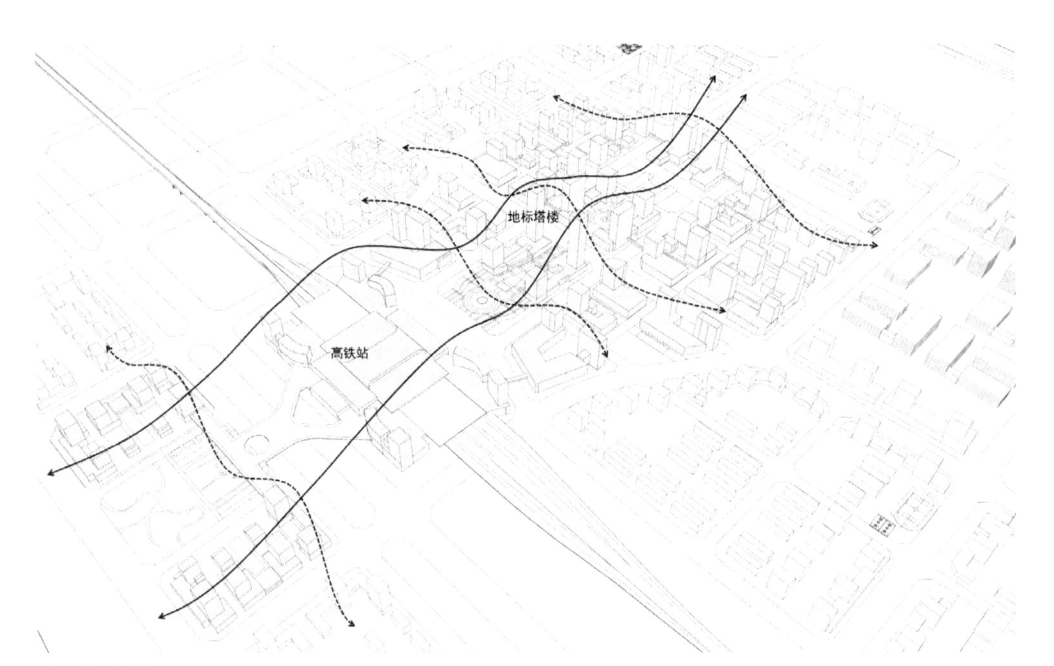

建筑高度分析图 -01

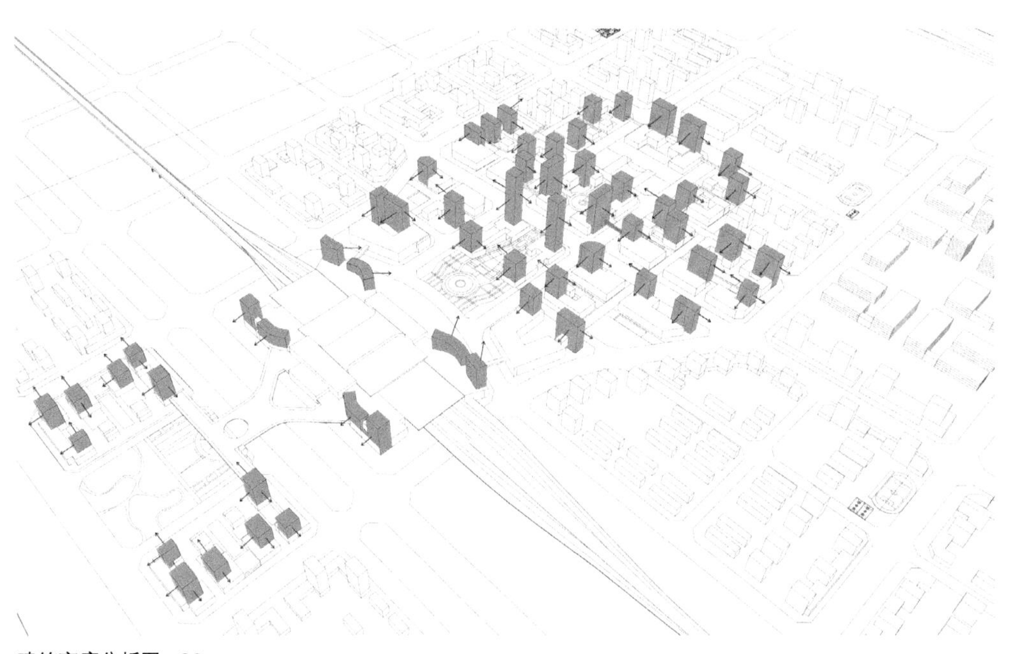
建筑高度分析图 -02

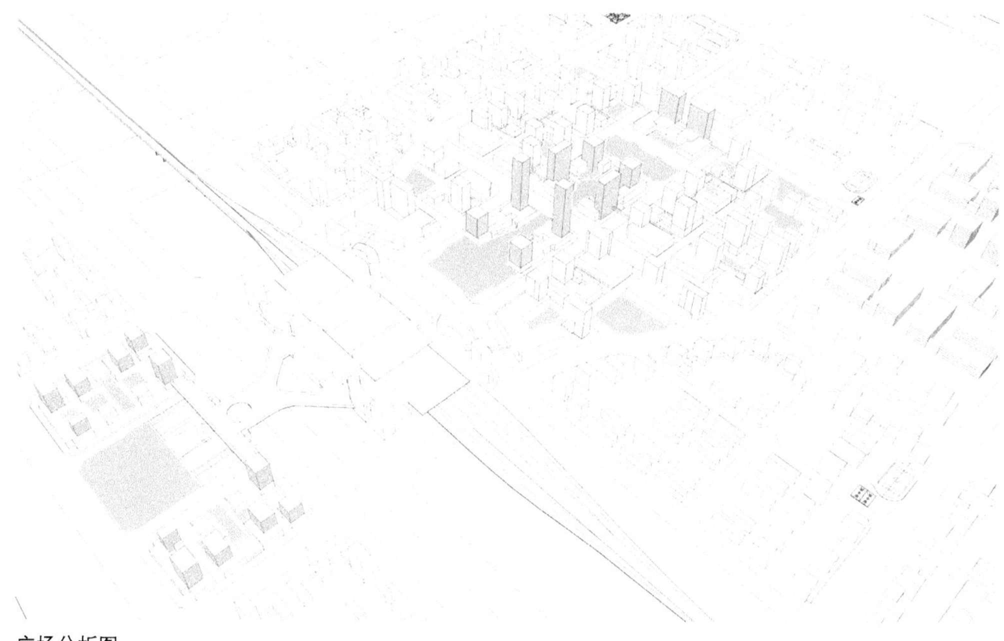

广场分析图

55m
55m
85m
85m
57m
60m
130m
90m
55m
70m
70m
130m
90m
60m
65m
55m
75m
55m
70m
60m
65m
60m
70m
60m
70m
65m
75m
60m
70m
40m
60m
45m
60m

塔楼分析图

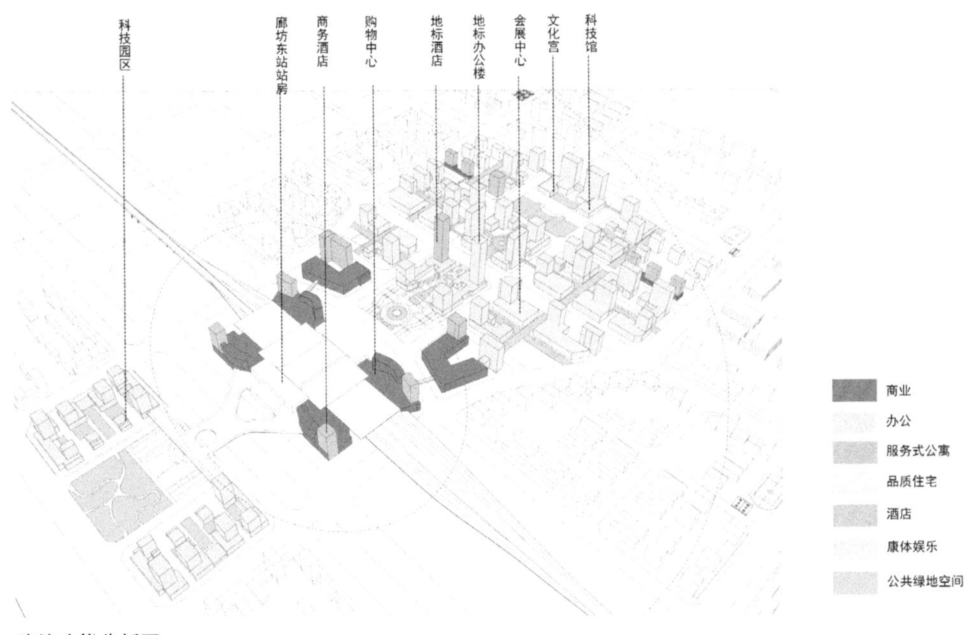

建筑功能分析图

③ 在外围的第三圈层里，主要体现社区服务的概念，主要设置商业街区、邻里商业以及文化类建筑。

（4）交通规划

1）道路等级

依据城市总体规划，规划区道路网由城市主干路、次干路、支路三个等级构成，主干路构成“两横三纵”的路网构架，建立了规划区与其他城市片区的直接联系。绿柳路、黄丹路下穿城际轨道，是车站南北两侧商业及商务功能的主要通道。

2）车行路线

进出用地的道路非常协调，从北部主要沿望京大道，从南部大北环路、

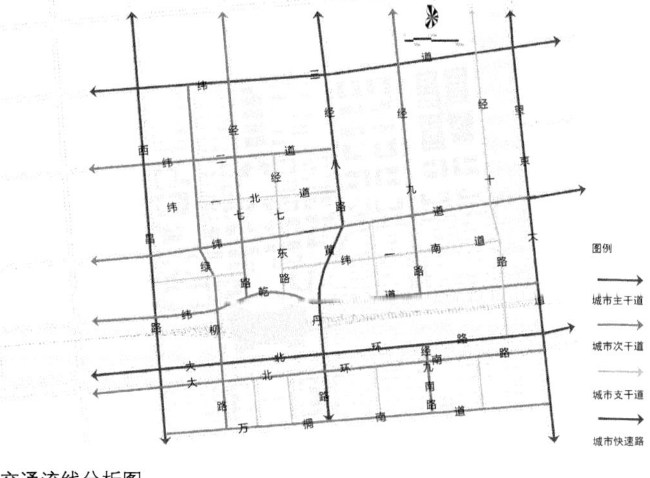

交通流线分析图

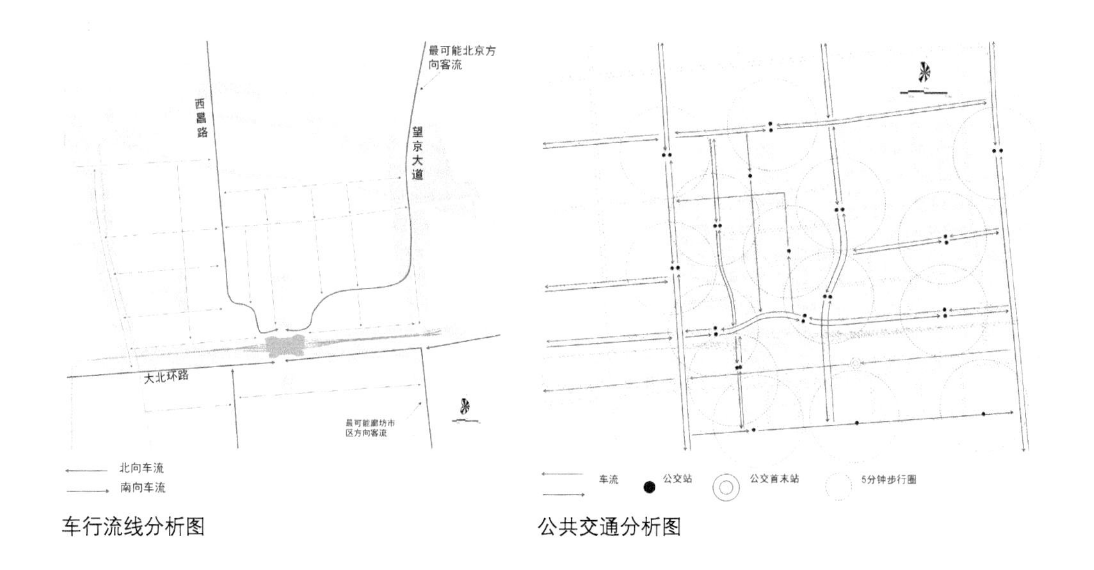

车行流线分析图　　公共交通分析图

西昌路进入用地；纬一路穿过用地，是项目的主要车道入口。

3）公交线路和车站

建议在项目用地设置公交车路线和车站以增加公交服务并促进公交导向型的开发。

4）交通一体化设计

①社会车、出租车流线：站场布局主要考虑铁路线路走向及其与城市的关系，可作为规划的前提条件，站房设置在站场中央，站前广场与进站口之间尽量避免有车辆穿行。社会车流线主要依托站前路组织进出车站的流线，社会车进站后可停放在停车场也可落客后车辆在停靠区停留，在旅客上下车后离开。出租车流线主要依托站前路组织进出车站的流线。出租车进站后在落客区域落客后离开。

②公交车流线：公交站布置在最方便旅客使用的位置，布局不宜过于分散，上、落客区也不宜分开设置，最宜将其布置在地面站前广场的东侧。公交车流线主要采用右进右出的方式。

5）交通设施一体化设计

尽可能将轨道交通引入枢纽，优先考虑将轨道站设置在客流集散的主广场一侧。

出租车宜将上、落客区分开布置，落客区尽量接近进站口，新建车站常将其设置在二层平台上，下车后直接进站；上客区尽量接近出站口，常设在地下一层，出站后即可乘车离开。

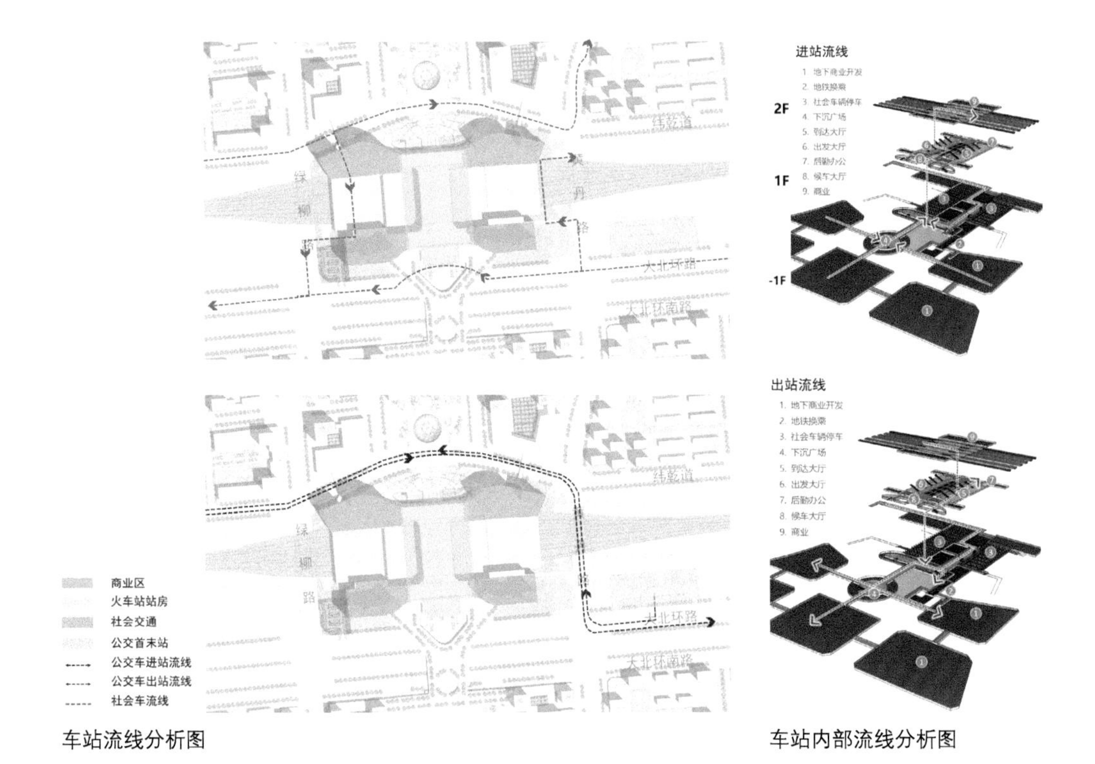

车站流线分析图

车站内部流线分析图

即停即走的社会车辆落客可与出租车一起组织，停车场宜在地下，既节省空间又方便接站。

（5）开放空间

公共开放空间采用点、线、面结合的方式，开合适度，形成丰富多样的空间类型：绿地开放空间、公园及广场开放空间以及各公共开放空间节点，共同塑造规划区优美的公共开放空间体系。

为确保公共开放空间的成功，其设计必须结合四大重要特质：可及性；允许各式各样的活动；舒适美观；提供社交的氛围。

1）创新中央公园

沿景观大道形成开放的、人性化的城市界面，鼓励步行穿行，增进共享交流，激发创新动力，形成促进产业创新发展的城市绿芯。

2）科技广场

充满创新科技的互动空间。

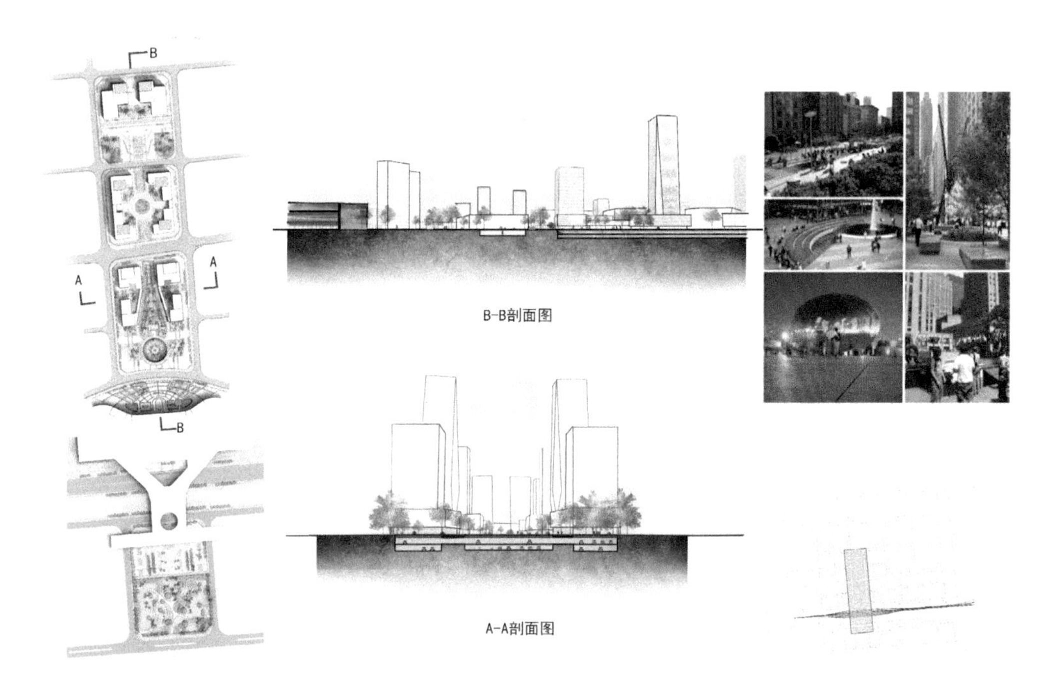

城市局部剖面图

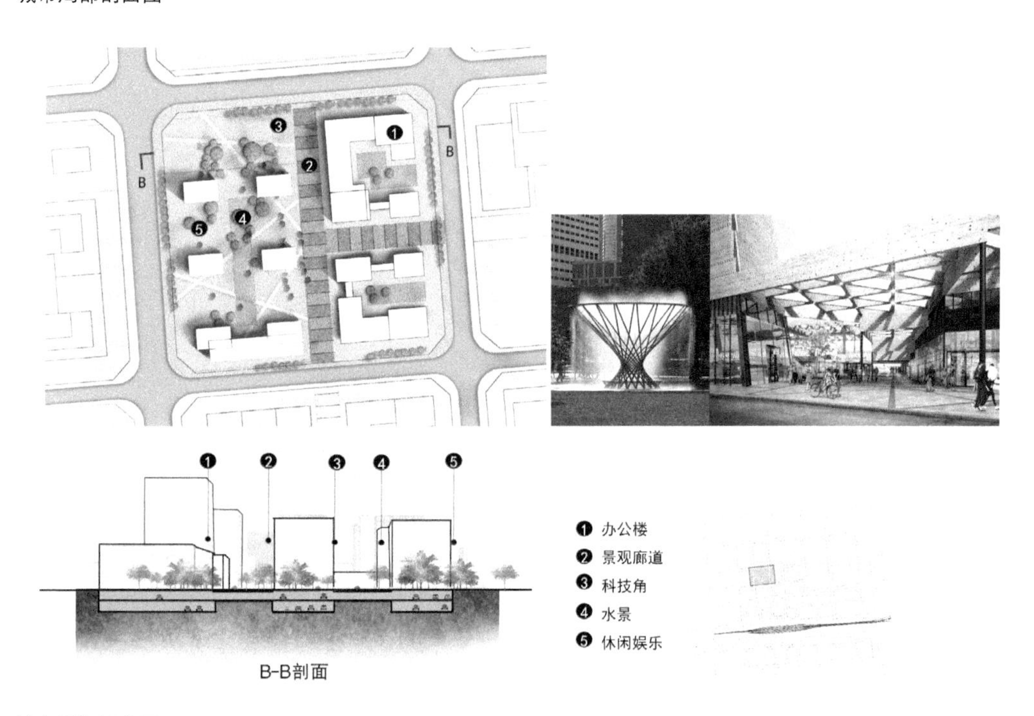

城市局部示意图

2. 技术创新

（1）铁路站区周边的圈层开发模式

由于车站在区域功能中的核心作用，其对周边土地的开发和利用均有直接的带动和辐射功能，因此车站周边的用地呈现圈层开发模式。

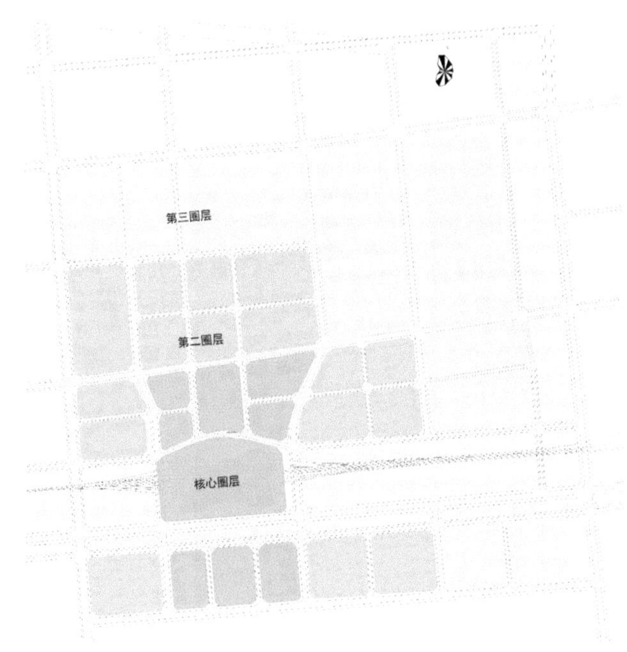

开发示意图

（2）铁路站区周边的功能分布

高速铁路自身服务的人群特点决定了其对地区带动作用存在明确、显著的效应就是进一步强化城市服务业相关职能的发展，包括商务办公、零售商业、住宅等。

一般而言，在枢纽周边示意布局的产业用地类型主要有以下几种：商务办公用地、商业服务业用地、娱乐休闲用地、科技研发用地、居住用地。

产业分地布局

用地功能	核心圈层	第二圈层	第三圈层
枢纽配套商业	☆☆☆	☆☆	☆
枢纽配套宾馆餐饮	☆☆☆	☆☆	☆
信息服务	☆☆☆	☆☆☆	☆☆
商务金融	☆☆☆	☆☆☆	☆☆
广场 / 停车 / 绿地	☆☆☆	☆☆☆	☆☆☆
枢纽站	☆☆☆	☆	—
办公管理	☆	☆☆☆	☆☆
配套住宅		☆☆☆	☆☆☆
文化产业	☆	☆☆☆	☆☆
餐饮娱乐休闲	☆☆	☆☆☆	☆☆

注：从☆到☆☆☆相关度逐渐提高。

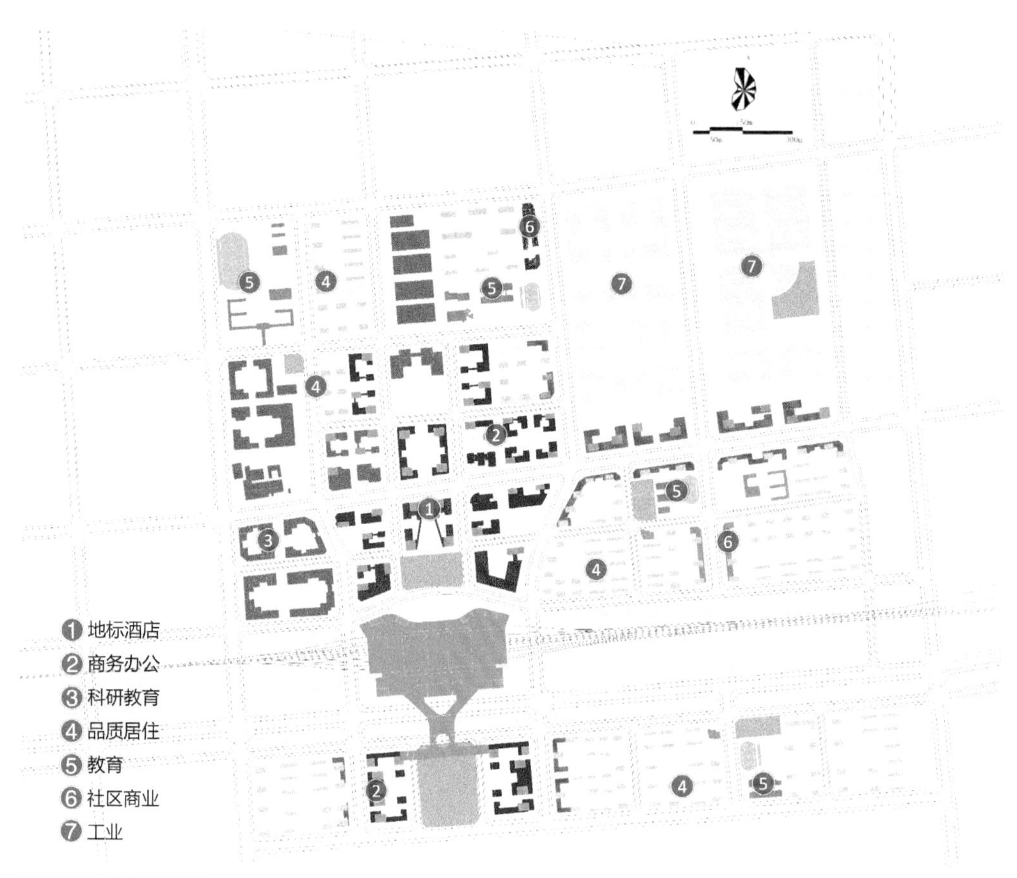

车站周边功能分析图

（3）地下空间

在充分考虑与整个片区的用地布局发展相协调的基础上，结合轨道站点建设，实现地上、地下有机衔接，形成以站点为核心的地下空间网络体系，确定地下空间的功能，提出地下空间建设的组织、设计目标和引导要求。

地下空间设置：地下空间由三个部分组成，分别为地下商业位于邻近中央广场和地铁站的地块，由地块红线分开并在地块间以地下通道方式连接；地下停车库设置在每个地块下；为能够连接到全部地块，地下停车库之间有连接隧道。

1）地下一层商业

地下商业将集中在邻近中央广场和地铁站的地块上。地下商业由地块红线分开并在地块间以地下通道方式连接。

2）停车库和出入口

地块之间由地下通道相联系，实现出入口共享。

3）地下连接

（4）海绵城市的打造

本次规划通过雨水生态系统的建构，打造雨水高效集蓄利用的示范区，具体通过以下 4 项策略对雨水进行有效管理：

1）利用雨水营造健康的景观植被带；

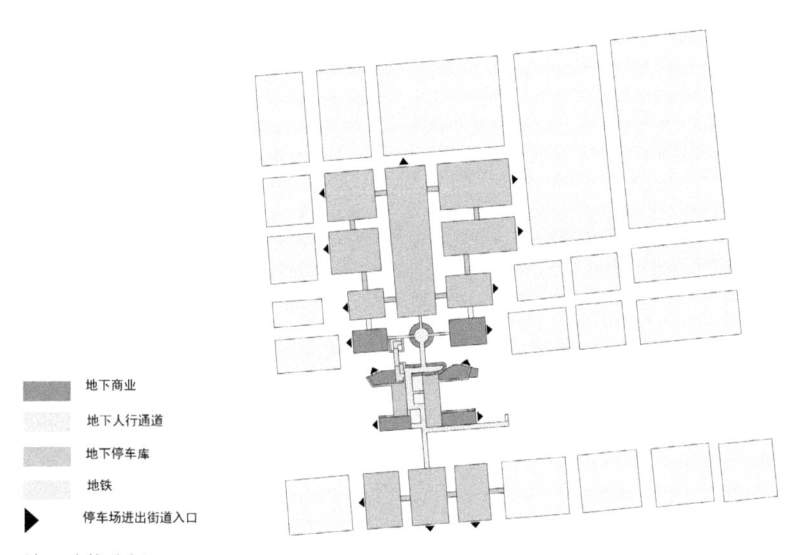

地下功能分析图

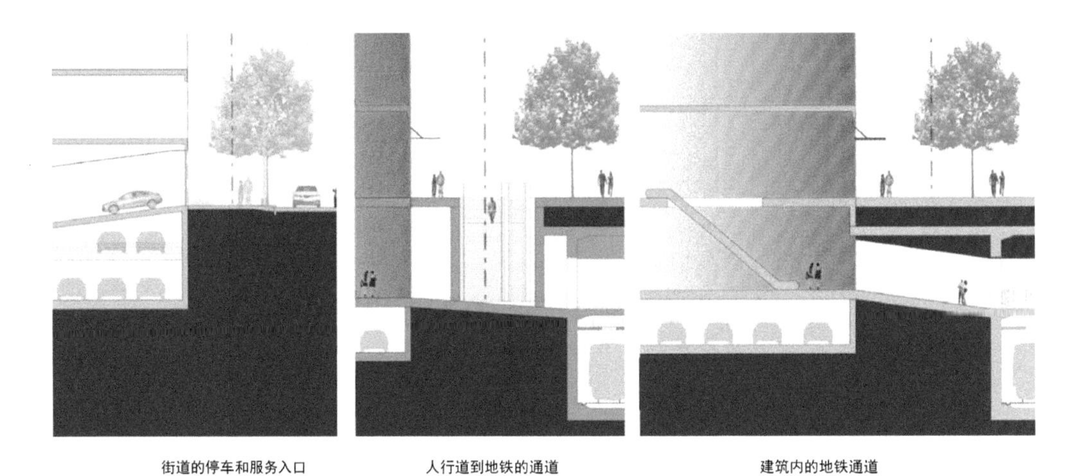

局部剖面图

2）利用大型绿带中雨水作为人工湿地补充水源；

3）利用生态滞留塘对雨水防涝进行管理；

4）利用再生水作为城市道路、绿化、景观用水。

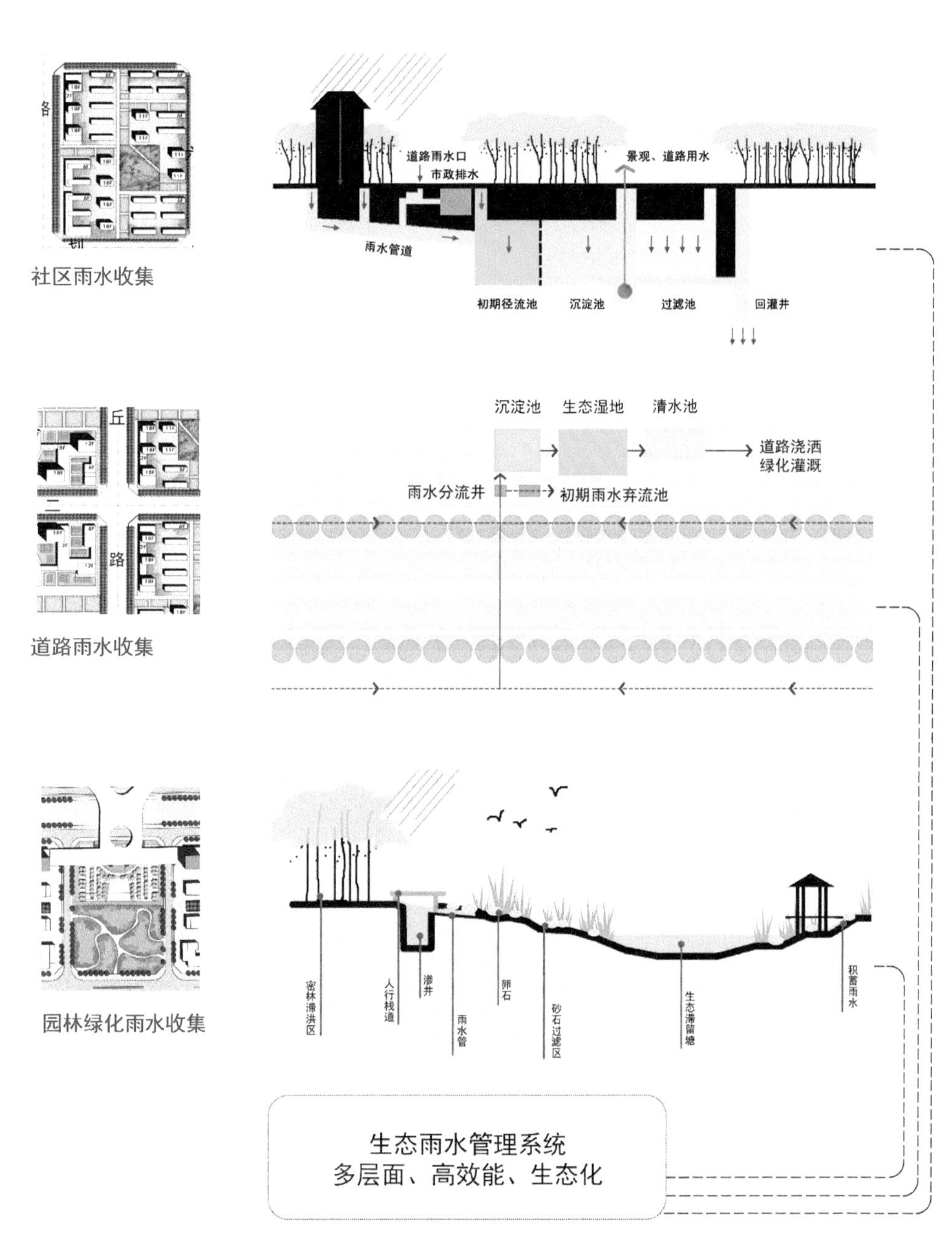

雨水管理系统图

04/ 规划实施

夜景鸟瞰图

局部鸟瞰图 -01

局部鸟瞰图 -02

局部人视图 -01

局部人视图 -02

（睢阳南部新区城市设计）产业聚集区核心区与居住区城市设计

01/ 项目概况

商丘南部安置区位于规划建设中的南部新城，总建筑面积约250万m^2、计划安置4.6万人。为构建现代“社区生活圈”、打造南部新城宜居典范，本规划从上位规划住区结构的问题研究开始。

02/ 目标定位

本规划通过开放社区与封闭邻里、道路的交通性与生活性、公共设施的集约性与便利性三个系统的研究，提出了南部新城住区结构优化方案。通过公共中心、邻里结构、宅前空间和社区商业等精细化研究，完成了安置区修建性详细规划系统解决方案。

安置B区

安置 C 区

安置 F 区

03/ 规划内容和技术创新

运用“社区生活圈”的理念，提出了“社区－邻里”两级空间结构，按照5～10min步行控制距离，将新城规划为五个社区和若干邻里。开放的社区和封闭的邻里满足了居住公共性与私密性的平衡需求。

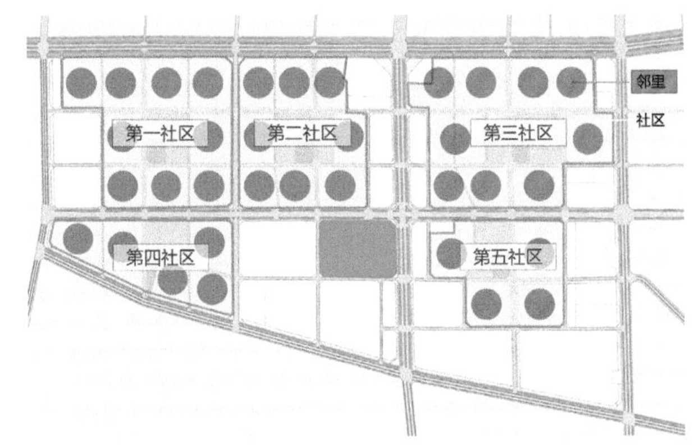

南部新城住区结构优化前期研究

以“机动性城市”理论为基础，依据上位规划中道路机动车交通强度的特征，将南部新城城市道路划分为交通性道路、生活性道路和慢行道三种类型。交通性道路严格控制沿街商业的开发，社区商业及配套网点鼓励沿生活性道路和慢行道布局，不同交通类型呈现了不同的道路空间形态。

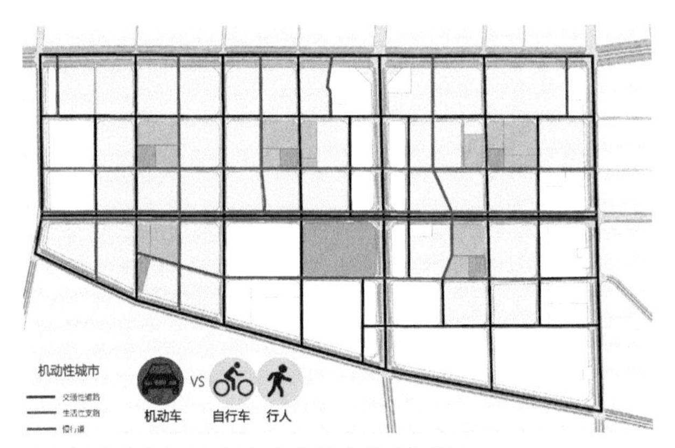

南部新城道路交通属性与商业强度关系规划图

采用社区级公共中心、邻里级公共中心和社区商业多层次类级系统，设施之间规划连续步行网络，满足连贯性和便捷性的要求。

将生活超市、文化娱乐、文化健身中心、社区卫生院、老年照料中心、九年制学校、社区公园、幼儿园和管理服务等社区类级的公共设施相对集中或邻近布局，实现了便利化使用和规模化经营的双重目标。同时兼顾设施抗扰和共享平衡的问题：医疗、养老相互结合，教学设施相对独立，学校操场

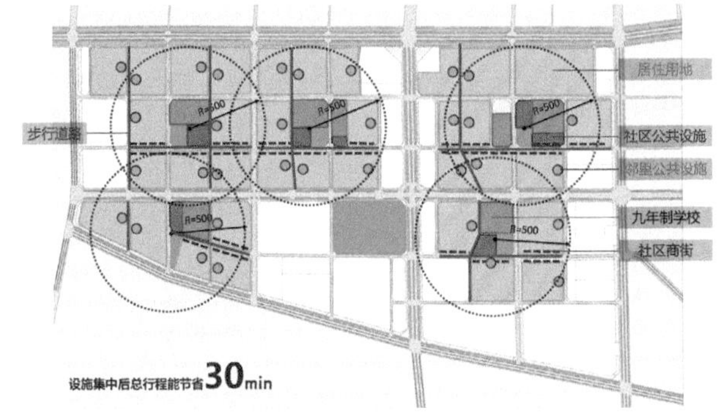

南部新城公共设施系统优化前期规划研究

临近社区公园和文体中心布置，方便对外开放和联动使用。

将邻里公园、物业管理、家政服务和便利商店等设施作为邻里类级的主要公共配套内容，按照使用和管理的要求合理布局。邻里公园包含观演小广场、儿童乐园、老年乐园和健身场地四项功能，每一邻里配置一个公园。家政服务网点、便利店等与慢行道或城市支路结合布局，方便邻里社区共享使用。

将邻里用地作为物业封闭的最佳规模，平均尺度 250m×250m，保证周边道路的开放和畅通，实现社区的开放性。邻里用围栏分隔为内外“双层结构”，内区为全步行居住环境，外层为停车区，地上地下交通流线统一管理，地面车位与社会停车共享使用。

依靠电子识别技术，采用主、次、辅多入口系统实现便利出行，开设垃圾、服务专用出口满足日常运输和应急需要。主入口实行人车分流组织，设置集散广场、景观标识和中心花园。精细化布局门房、快递箱、水吧、共享单车与快递车辆停放专区，形成功能强大的新型住区入口服务系统。

利用宅前消防登高场地规划打球、健走、骑行和儿童照料等内容，将宅前空间作为单元住户的交往活动场所。活动场地外扩，结合绿化布置休闲座椅、花池廊架和文化

社区中心功能配置规划图

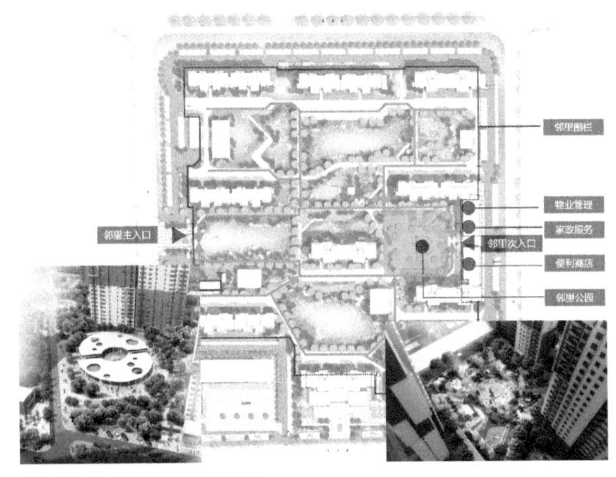

邻里中心功能配置规划图

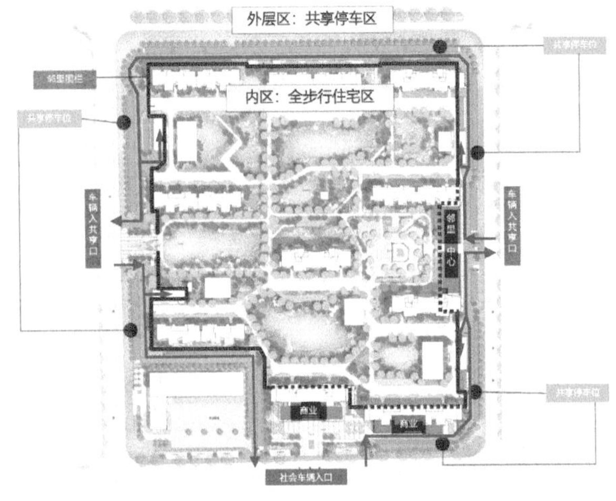

“双层邻里结构”规划

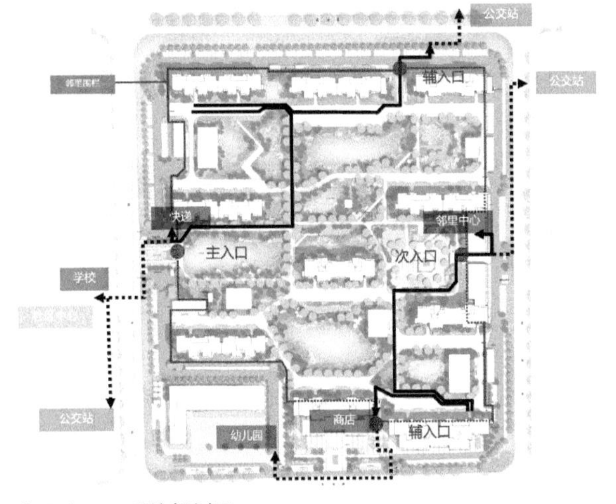

邻里多入口系统规划图

艺术装置，合理布局自行车棚、信报箱、垃圾收集箱和配电室等项设施。单元楼门设置入口标识和门禁，居民活动也能对楼宇安全发挥良好的监控作用。

安置区以邻里为单位规划地下空间，布置汽车库、设备用房、自行车库和家庭保管仓，每一邻里一般配置两组车库。地上地下交通实行一体化规划，两组车库之间采用通道相连，保证地下车库对接城市道路有多向出入选择，方便出行，并能避免居民车辆对城市道路的压力过于集中。

按照道路—商业联控规划的原则，社区商业集中布置于生活性道路，与社区中心一起构成社区公共活力带。统一规划人行步道、商业休闲广场、街具标识、公共艺术、停车场和共享单车停放处，统筹策划商业业态组合。商业建筑分段布局，街道、邻里绿化内外渗透，为社区构筑了轮廓起伏、变化丰富的活力街景。

邻里主入口区功能配置规划

宅前空间效果图

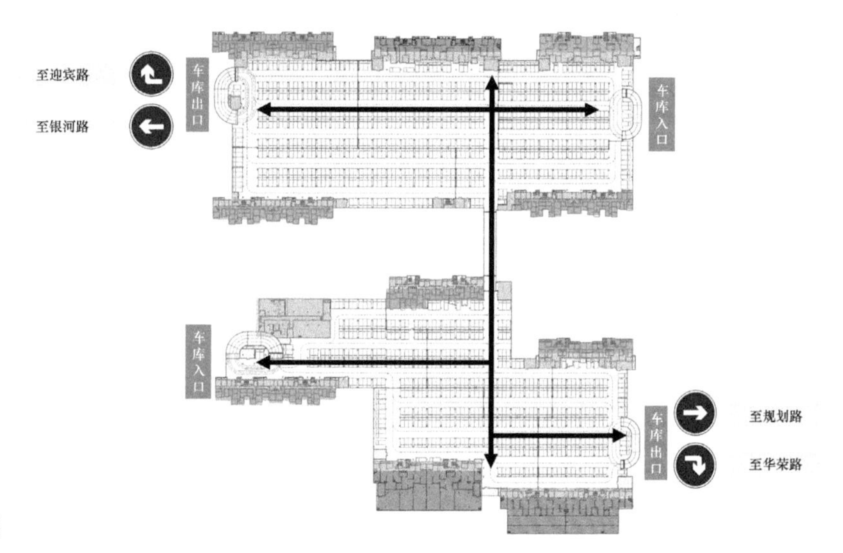

邻里区一体化交通规划图

生活性道路与社区活力街区规划

社区商业功能配置规划

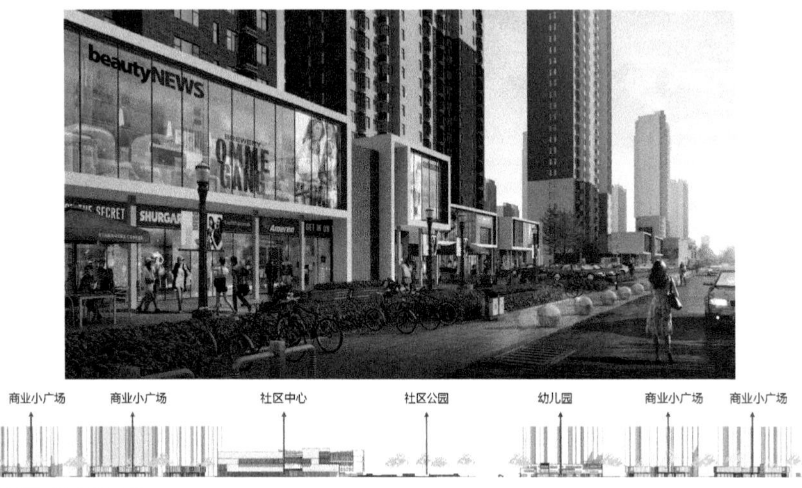

生活性道路街景效果图

04/ 规划实施

鸟瞰图

人视图

专项规划

Special Planning

宜宾市南溪区 2019—2020 年乡村振兴建设

高速出入口至宿松经开区部分区域景观提升改造项目一期景观工程

江山市特色生态产业平台城南邻里中心设计

南京河西新城绿色建筑规划

百色市（中心城区）可再生能源建筑应用专项规划 (2018—2025)

长沙轨道交通第三轮建设规划线路物业综合开发（TOD）规划咨询项目

成都市新都区城市容貌提升（色彩、户外广告、外摆、导视系统）设置规划导则

宜宾市南溪区 2019—2020 年乡村振兴建设

01/ 项目概况

项目位于四川省宜宾市南溪区中坝村，是长江上游大岛屿之一，距中心城区陆路 8km，水路 5km，规划面积 282hm^2（4230 亩），一个行政村，人口 3400 余人，涉及内容主要有产业、道路、景观、农房风貌、旅游设施、标识标牌、停车场、污水治理、前庭后院、村规民约等。开创性地提出了四大设计原则：

一是，以乡村振兴 20 字加党建引领为纲（产业兴旺，生态宜居，乡风文明，治理有效，生活富裕，党建引领），逐级分解落实。

鸟瞰图

二是，以“望得见山，看得见水，记得住乡愁”为核，发挥策划、规划、设计空间。

三是，“三原、三不”原则，即：原生态，原文化，原住民；不挖山，不挪树，不填塘。

四是，农业产业景观化、园林化，公园化。

同时，在吴冠中画作《春风又绿江南岸》寻得灵感，从而在整个规划中勾勒出一幅“落霞与孤鹜齐飞，秋水共长天一色”的美丽画卷，在整个实施过程中全程参与建设管理，根据考核指标和实际情况不断优化调整方案，组建了专班团队和驻场设计人员，实行动态管理和无缝对接，全力配合强力推进。

本项目 2022 年 1 月被评选为 2021 年度四川省乡村振兴示范村；同年，宜宾市南溪区被评为四川省乡村振兴示范区。为乡村振兴战略作出了应有的贡献，取得了良好的经济效益和社会效益。

实施乡村振兴战略，践行绿水青山就是金山银山，望得见山、看得见水、记得住乡愁。

以党建引领为要求
推进“五位一体”
（产业兴旺、生态宜居、乡风文明、治理有效、生活富裕总要求，解决“三农”问题）

以生态保护为基调
护好绿水青山
（耕地保护、长江保护、山水生态保护）

以产业发展为基石
做好富民增收
（做好以第一产业为核心，联动发展旅游观光、休闲餐饮等第三产业）

以本地文化为基因
塑造特色品牌
（文化是持续发展的核心力,推进村庄川南建筑风貌整治）

规划策略

深化农业供给侧结构性改革，构建现代农业产业体系、生产体系、经营体系。

目标定位：以生态环境为依托，以现代农业为产业基础，以地域文化为灵魂，以休闲旅游产业为先导，以良好的自然生态基底为优势，以本地文化为最大特色，通过农业的现代化升级，产业链延伸，推动一、二、三产业的联动与融合，发展品质农业、乡村文化旅游与田园社区配套等产业，实现地方特色与文化复兴。

产业联动

产业联动：推动农业现代化升级，与二、三产业联动，提是升产业链价值。

古风新韵：深度挖掘当地文化特色，以现代的表现形式活演绎传统文化，打造瀛洲中坝文旅特色名片。

乡村复兴：通过多产业融合发展，实现乡村产业与文化复兴、文旅相融合。

促进农村一、二、三产业深度融合发展

依托现有优势产业进行改造升级：优势产业为“1+3”产业发展，产业 1 指柑橘，邀请西南农大国家级柑研所对现有柑橘品种提档升级，使之形成公园化、景观化、园林化高标准高产值示范园区。

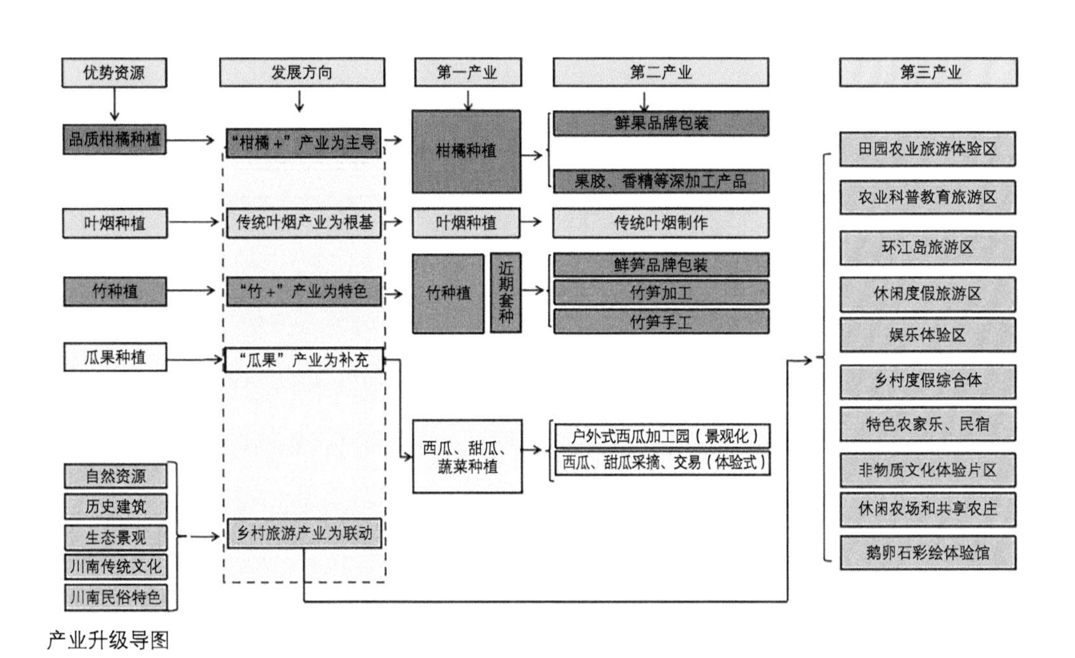

产业升级导图

产业3指烟叶、西瓜、甜瓜，其中烟叶西瓜甜瓜品种优良，品质较好，仅进行规范化、景观化种植。积极推动农业发展与旅游业有机结合，实现示范区一、二、三产业融合发展与产业转型升级。

增强本地农业创新力竞争力。

发展乡村旅游，成为附近城市周末游、近郊游首选目的地。

主入口形象大门

游客服务中心

海楼烟雨－瀛洲阁（南溪古八景之一）

观景平台

改善人居环境，提高出行效率。

车行道主要道路进行微改造，采摘步道与景区主要节点进行串联，主要满足全国游赏与采摘；道路两侧行道树采取景观化、公园化的景观打造。

提升道路设施系统

主干道景观提升

景观环路优化提升工程

创造性提出“三原、三不”原则：原生态、原文化、原住民；不挖山、不填塘、不挪树。

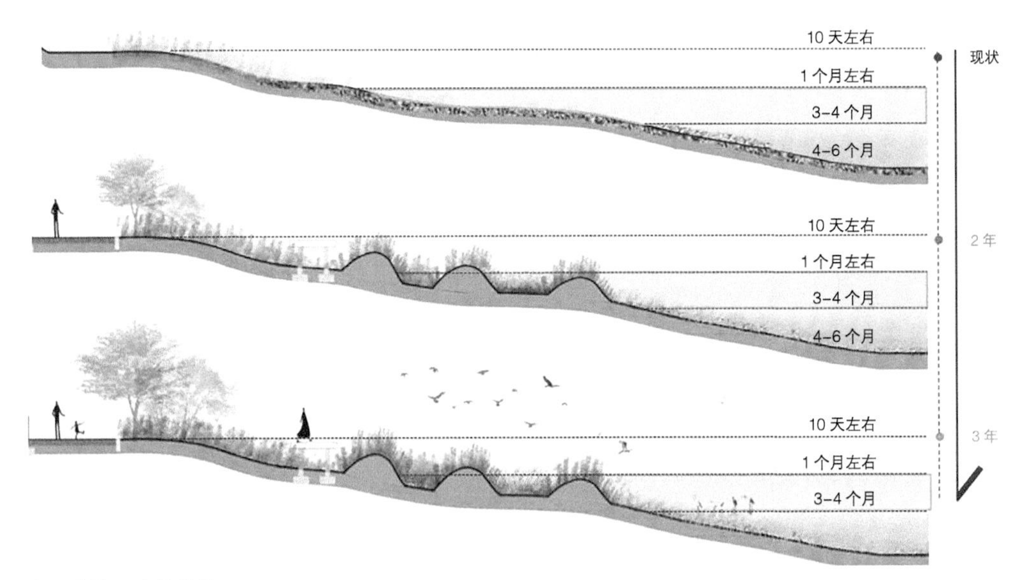

人工种植 + 自然演替

竹林生态园示意图

四大岸线功能：

田园观光岸线：原生田园观光。岸线两侧主要为农田作物，如油菜花、包菜、花菜、蚕豆、大蒜等，水边主要种植芋头、水芹、茭白、千屈菜等。

长江保护

农耕文化岸线：农耕文化体验。岸线两侧主要为核心景观区，水边主要选择植物多样，植物层次丰富的植物，如白茅、狼尾草、鸢尾、芦苇、美人蕉、醉蝶花等。

竹文化岸线：竹文化体验。岸线两侧主要为翠竹景观区，水边主要选择与竹类相对契合的植物，如水竹、水葱、鸭舌草等。

生态游憩岸线：生态休闲游憩。岸线两侧主要选择生态性强、水净化水生植物为主，如蒲草、水葱、芦苇、浮萍、水罂粟、眼子菜等。

02/ 规划实施

1. 前庭后院整洁卫生

建筑立面整治策略：划分整治类别，优化空间节点，明确建筑风貌，建筑分类整治处理。结合现状建筑类别，达到整治效应的最大化，本次整治共计 390 栋建筑，整治面积为 83170m^2，以及院坝绿化环境提升。建筑分为两类整治级别：一级核心风貌整治段（共 31 栋）：主要入村处至中坝社区服务中心段，沿街主要道路段进行重点风貌整治；二级协调风貌整治段（共 359 栋）：非主要沿街面建筑，对建筑外立面进行简易的风貌协调整治。

（1）建筑风貌整治策略

划分整治类别，优化空间节点，明确建筑风貌，建筑分类整治处理。

（2）建筑整治原则

1）尊重现状建筑基本形态，建筑外墙面以装饰加构筑装饰物双结合，以及便于后期施工实施。重要节点处，有针对性地提出改造措施，重点改造。

2）分类整理、分级控制，根据建筑特征提出分类整治策略。

3）尊重现状土地权属，保留户内围墙、院坝，主要对围墙、院坝、院门等综合环境进行改造。

4）建筑风貌、建筑立面材质及色调，整体突出地方特色风貌。

（3）建筑周边环境整治

电力、电信、广播电规等线路架设采用“一杆到底”的原则，禁止随意拉线同时避免在墙面上乱涂乱画、随意张贴，严禁墙体广告，保持墙面瓦整洁，加强房前屋后绿化。

（4）院落整治

注重对住宅院坝环境美化，鼓励村民积极美化院坝环境。

（5）围墙与大门整治

遵循经济实用美观的原则，围墙采取隐形式通透式与景观植物造景相融合。保持围墙 1.8 ~ 2.1m 的控制围墙采用仿竹式形状的铝材院落大门色调统一采取涂刷仿木色。

2. 农村生产便捷高效

（1）深化农村产权制度改革

党的十九大报告提出按照“产业兴旺、生态宜居、乡风文明、治理有效、生活富裕”的总要求，实施乡村振兴战略，深化农村集体产权制度改革，保障农民财产权益，壮大集体经济。

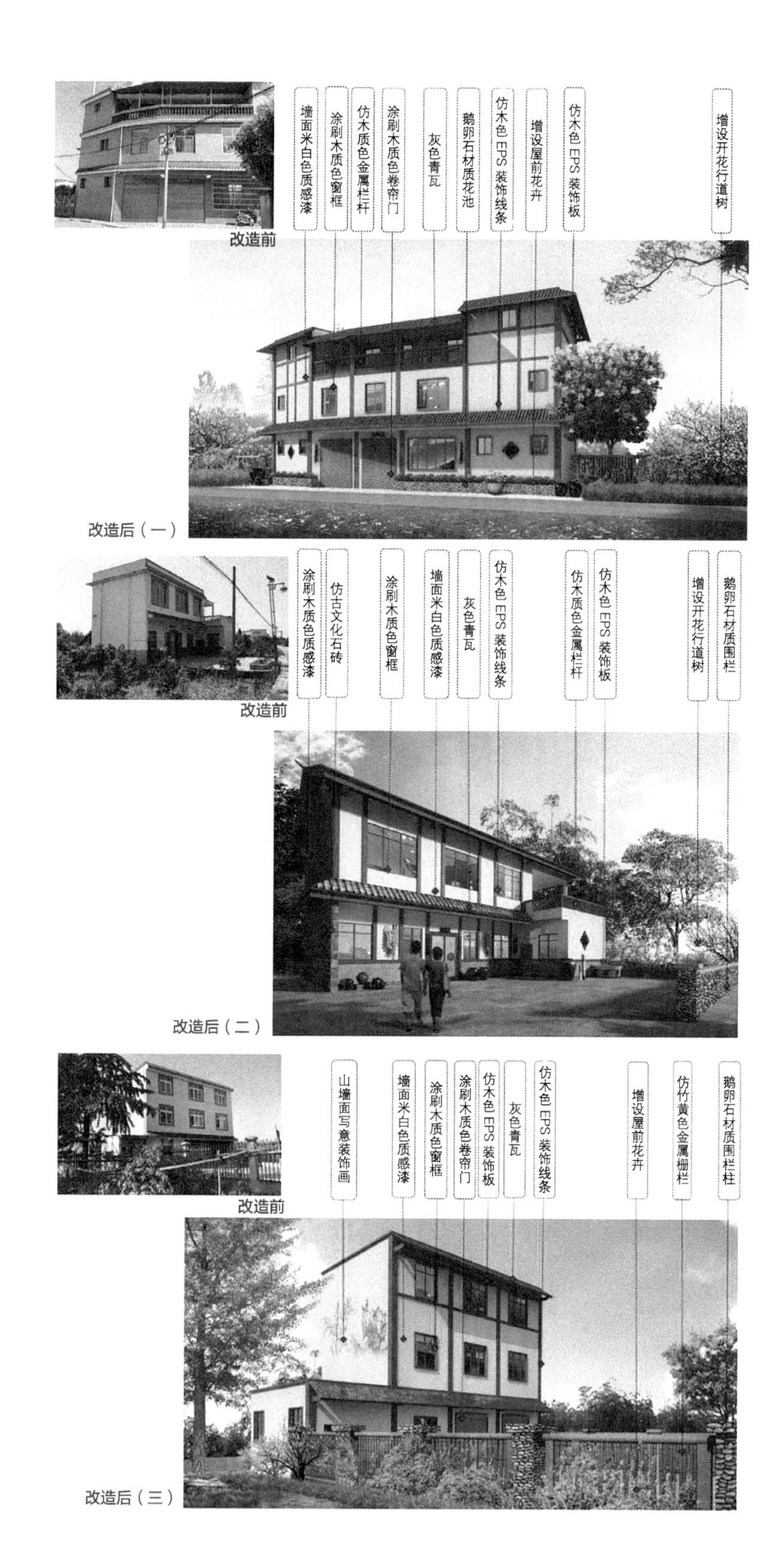
墙面米白色质感漆
涂刷木质色窗框
仿木质色金属栏杆
涂刷木质色卷帘门
灰色青瓦
鹅卵石材质花池
仿木色EPS装饰线条
增设屋前花卉
仿木色EPS装饰板
增设开花行道树
改造前
改造后（一）
涂刷木质色质感漆
仿古文化石砖
涂刷木质色窗框
墙面米白色质感漆
灰色青瓦
仿木色EPS装饰线条
仿木质色金属栏杆
仿木色EPS装饰板
增设开花行道树
鹅卵石材质围栏
改造前
改造后（二）
山墙面写意装饰画
墙面米白色质感漆
涂刷木质色窗框
涂刷木质色卷帘门
仿木色EPS装饰板
灰色青瓦
仿木色EPS装饰线条
增设屋前花卉
仿竹黄色金属栅栏
鹅卵石材质围栏柱
改造前
改造后（三）

深化农村产权制度改革，有利于优化农村土地利用方式，提高土地利用效率，盘活农村现有宅基地，发展限制性财产权，使农民共享工业化、城市化的成果，增加农民收入。

（2）深化策略

1）构建“人为单位、户为限制”的宅基地取得制度。重回法律公平起点，真正平等落实集体成员居住权，对法定面积进行细化，设定宅基地人均面积、户均面积及建筑面积（层数）标准。

2）积极引导闲置宅基地退出，分类盘活。宅基地有偿退出还是无偿退出可由农民集体成员协商确定，并需事先约定好，写在《宅基地使用权证》注记栏中，以作为退出补偿的法定依据，若经济条件允许，尽量对地上建筑物合理补偿引导农民积极退出；为了鼓励多年在外务工农民主动退出宅基地，可承诺其一旦返乡务农可重新取得宅基地，建立重获机制。具体可按 50 ~ 150 元 /m^2 腾退“一户多宅”，按 1 ~ 2.5 元 /m^2 月租赁“一户一宅”，按户籍核定人口一次性补偿永久放弃宅基地的农户。

3）清产核资，审慎推进宅基地流转制度改革。成立村集体公司，清理核定山坪塘、农田水利设施、集体林业等“三资”，将有效“三资”划入村集体公司，农民土地按耕地每年 500 元 / 亩和林地每年 400 元 / 亩流转到村集体公司，以区公安系统户籍登记在册人口为准，确认集体成员身份股。同时，只有合法取得、符合法定面积标准并取得《不动产统一登记证》的宅基地才能入市交易。

4）完善宅基地管理体制。建立城乡统筹规划和宅基地规划，优化土地资源利用和村庄合理布局，防止过度建设和无效利用；充分发挥村民自治组织作用，赋予农民更多的选择权；加快宅基地确权登记以规范宅基地合理利用。

5）推进产权制度改革提质增效。通过举办全市农村产权交易现场会，进行农村产权交易，通过成都农村产权交易所面向全国公开出让乡村振兴示范片项目整体经营权，引进大型企业与镇属国有公司和村集体公司联合成立有限责任公司，每年向村集体公司支付一定金额，节约财政投入。

（引自：张凤莹．我国农村宅基地制度现存问题与改革路径研究 [D]. 北京：首都经济贸易大学，2019.）

3. 生活品质有效改善

对瀛洲岛现状 25 户民居建筑进行整体外立面及风貌协调，打造特色滨江精品民宿，在色彩与风貌上与凛洲阁传统风貌相协调融合。

民宿示意图

4. 乡风文明和谐团结

打造参与、共享、和谐的文化互动体验区，面积：26hm^2，功能活动：科普教育、文化传承、游览观光、特色住宿。

对社区中心前区运动场及健身设施、景观环境进行综合提升改造，改善居民公共活动空间。

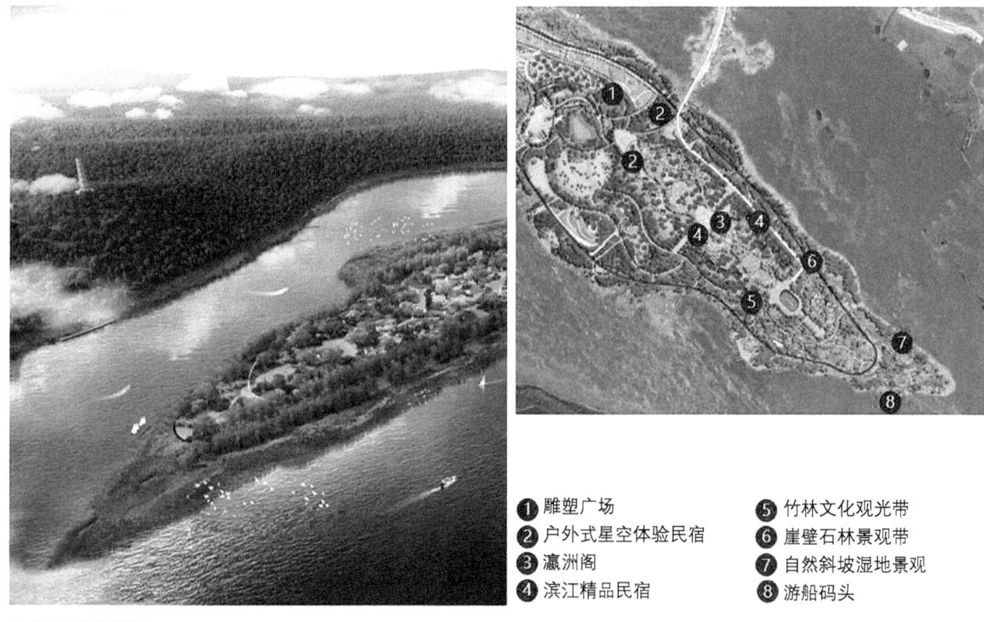

文化互动体验区

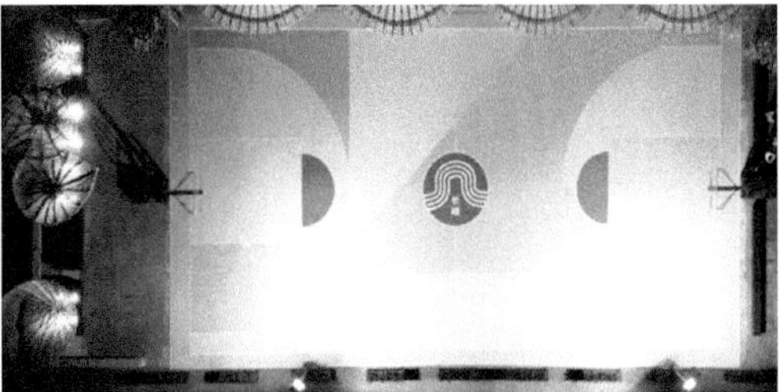

社区风貌

5. 经济收入稳步提高

打造野趣、自然、生态的亲子科普教育基地，用地面积：35hm^2，功能活动：生态保护、亲子游憩、科普教育。

❶ 生态湿地公园
❷ 生态瓜果农业体验观光区
❸ 长江上游四季水生植物园
❹ 印象裴石纤夫
❺ 露天生态看台
❻ 户外奇趣沙坑体验区
❼ 野趣烧烤区
❽ 亲子露营基地
❾ 游船码头

亲子科普教育基地

6. 乡村环境公园化、景观化、园林化

用地规模：13.21hm^2，功能活动：科普、浏览观光。

湿地公园效果图

7. 中坝村新建建筑（特色科普鱼馆）

（1）特色科普鱼馆总体布局以合院形式为主，建筑为地上一层，建筑面积 900m^2；主要功能为长江鱼类科普教育、渔民捕鱼上岸的演变记忆、生态环保修复成果展示。

（2）建筑整体风貌截取传统民居空间形态，使用本地建筑元素与材质，营造古朴雅致的本地特色风貌。

特色科普鱼馆效果图

8. 特色船餐厅

船餐厅效果图

9. 民宿改造

民宿室外

民宿室内

10. 中坝 VI- 导视系统

笔记本　　工作牌

广告衫

宣传车

宣传伞

高速出入口至宿松经开区部分区域景观提升改造项目一期景观工程

01/ 项目概况

按照宿松县总体规划分步实施的原则，破凉镇与经济开发区正处于稳步发展过程中，绿地对产业新城环境的改善和景观风貌的营造起着不可替代的作用，为体现生产与生态相结合的科学发展精神，打造更美好的生活生产环境，经开区及破凉镇拟对区域内的重要节点及主要道路进行景观规划设计，提升现有的景观品质，使改造后的区域能够焕发新的光彩，从而达到促进区域经济发展的目标。

规划项目区域位于宿松经济开发区与破凉镇，总规划面积为 121258m^2。

一期建设面积 80054m^2，范围包含振兴大道（S249-105 段）51408m^2，通站路街角公园沿街绿化 11646m^2，G105 沿街绿化 17000m^2，以绿化提升为主。

二期建设面积 41204m^2（红线据破凉镇总体规划后调整），范围包含通站路街角公园二期 34204m^2，G105 与沪渝高速下穿段 7000m^2，以游园为主，包含跨新耕河人行桥、停车场、广场、绿化、照明等。

02/ 目标定位

打造城北新城，必然需要内外力量相互加持，对外保持开放交流是新城建设重要的一部分，本地资源的虹吸是外来资源引入的一项重要途径，以合理的方式对外展示宿松的资源名片，有利于外部了解宿松这片沃土，从而吸引外部资源流入，共同建设宿松城北明珠，进一步打造“诗意山水、魅力宿松”。宿松的水资源、旅游资源及文化资源十分丰富，利用宿松本地各类资源信息提取景观符号，将提取的景观符号分别展现在城区的重要节点，在城区绘制出一张独属于宿松的“资源地图”。以振兴大道景观走廊、街角公园景观节点、105 道路景观规划形成宿松从外围进入内城区的景观风貌展示带。打造宿松的形象门厅、生态前沿、政务高地、创业乐园。

项目总平面图

03/ 规划内容 & 技术创新

设计以可持续发展为基础，延续地方文脉，坚持以人为本，做到总体规划、分步实施、短期快出形象、长期有效衔接。将宿松建设为以创新、创优、创业为特色，先进制造业与现代服务业并举，集商贸、制造、创新、旅游、居住于一体的生态产业新城。

1. 振兴大道（高速出口—通站路段）两侧

振兴大道是宿松城北进入主城区的交通干道，是人们进入宿松的第一印象，但现状振兴大道两侧背景林缺失，周边民房、商业等暴露在外，严重影响振兴大道整体景观，现状问题亟待解决。本次设计地势较高的部分采用五层式植物背景林，即乔木—灌木—花灌木—植物绿篱—地被的植物景观层次，地势较低的部分采用两排常绿乔木（香樟）+ 常绿花灌木（红花夹竹桃）三层式，营造振兴大道景观走廊，成为人们进入宿松的一道亮丽风景线。

2. 内部景观节点

S249 与振兴大道交口：互通使宿松承东启西，连南贯北的地理位置优势更加凸显，它是宿松对外的一个新窗口，发挥着至关重要的作用，互通周边环境的提升势在必行，本次设计中振兴大道与 S249 交口区域是进入宿松的门户，灵感源于友好的象征——橄榄枝，它对外展现宿松和平、美好的形象，另一方面则向外界表达宿松寻求对外合作、共赢的意愿。交口位置是以现状土坡为基础的绿色展示墙，用植物绿篱书写“诗意山水、魅力宿松”，对外展现宿松丰富的文化内涵。规划现状 S249 与振兴大道直交，但目前暂未实施，现阶段为展现宿松门户景观，短期内进一步提升宿松景观形象，在现状基础上进行初步设计。

振兴大道与通站路交口街角公园：振兴大道与通站路交口是经开区与破凉镇交界的重要节点位置，通站路街角公园，充分结合现状地形地貌，设计为游园。考虑到在振兴大道、通站路（规划拓宽后）为快主道路，车流量较大，为免造成交通拥堵，游园主入口设置在靠近新耕河的西侧，结合新耕河打造湿地游园，跨新耕河架人行桥，游园入口设计非机动车停车位，游园内部以游步道、健身广场、休憩广场为主，搭配耐水湿植物，形成具有宿松特色的休闲游园。东游园主入口设置在 G105 一侧，结合生态停车场、健身广场、休憩广场，打造服务周边居民的休闲游园。东西两游园靠近振兴大道侧设计为背景林，既形成两侧游园背景，又能与振兴大道 15m 背景林形成长期有效的衔接。

3．G105 道路景观规划

G105 道路景观规划：规划宿松北路是原国道 105，路幅分为两种类型，前半段较窄为 9m 宽，两侧无人行道、非机动车道及机非分隔带，后半段较宽，两侧有通长机非分隔带。设计在原有场地条件下进行整体景观风貌的提升，前半段现状两侧无绿化带，较为空旷，计划两侧各增加 1.5m 绿化带，为乔木（栾树）+ 常绿灌木（桂花）+ 花灌木（紫薇、海棠）+ 绿篱（红叶石楠、金边黄杨、海桐）+ 地被（百慕大、麦冬）。后半段现状两侧绿化带只有上层乔木，下层缺失，计划补充下层常绿灌木（桂花）+ 花灌木（紫薇、海棠）+ 绿篱（红叶石楠、金边黄杨、海桐）+ 地被（百慕大、麦冬），前后两段层次保持一致，保持道路景观的整体性。

G105 与沪渝高速下穿绿地：G105 与沪渝高速下穿规划为防护绿地，占地面积约 7000m^2，但现状为临时汽修点，多为临时建筑。现 G105 整体绿化提升，因地制宜，尊重上位规划要求，发挥场地防护绿地作用，并结合周边居民实际需求，打造沿街小型带状公园，设置小型活动场地，结合景观步道及植物景观营造绿色生态的沿街绿地空间。

项目现状图

04/ 规划实施

振兴大道（高速出口—通站路段）两侧：打造宿松对外景观走廊，迎接四方来客。

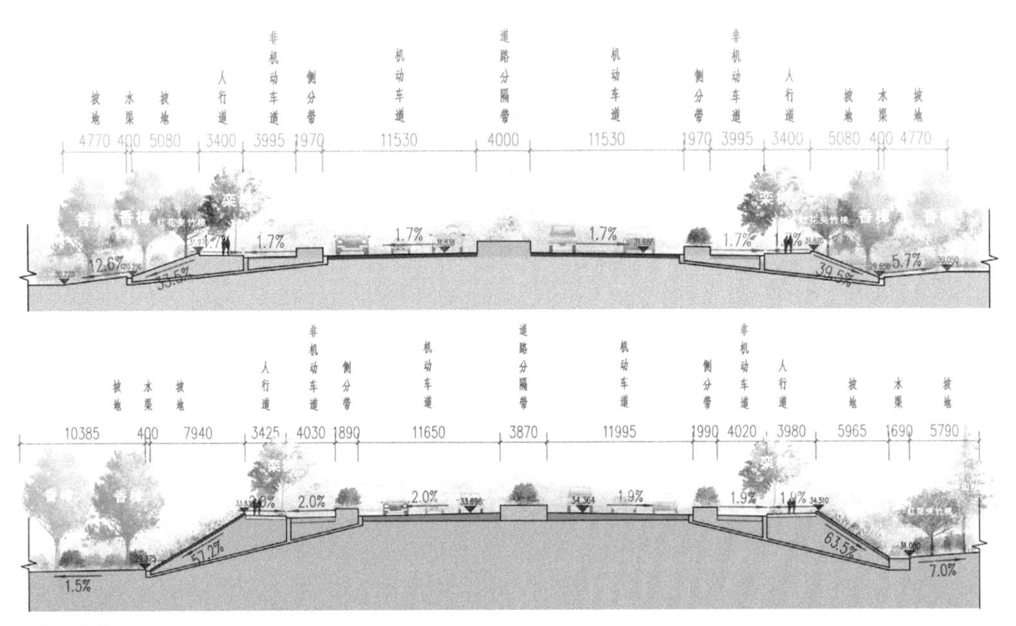

道路剖面图

道路效果图

内部景观节点：综合提升区域内生产生活环境，以打造一个更有吸引力的招商引资环境为目标。

G105 道路景观规划：整体改善城市景观风貌，展现城市生机，引发群体拼搏效应。

S249 与振兴大道交口鸟瞰图

振兴大道与通站路交口街角公园鸟瞰图

G105 道路景观规划效果图

G105 与沪渝高速下穿绿地效果图

江山市特色生态产业平台城南邻里中心设计

01/ 项目概况

1. 项目背景

2021 年 6 月，《中共中央　国务院关于支持浙江高质量发展建设共同富裕示范区的意见》发布，作为省内欠发达地区的江山市，迎来了绝佳的发展机遇。

2. 项目概况

江山市特色生态产业平台城南邻里中心项目位于江山市城南工业园核心位置，沿莲华山大道北侧展开，项目分为东、西两片，包括产业邻里中心、职工公寓、人才社区和配套公交首末站四大功能板块。总用地面积约 10 万 m^2，总建筑面积约 27 万 m^2。

3. 项目定位

本项目立足浙江高质量发展建设共同富裕示范区的背景，奋力开拓江山高质量发

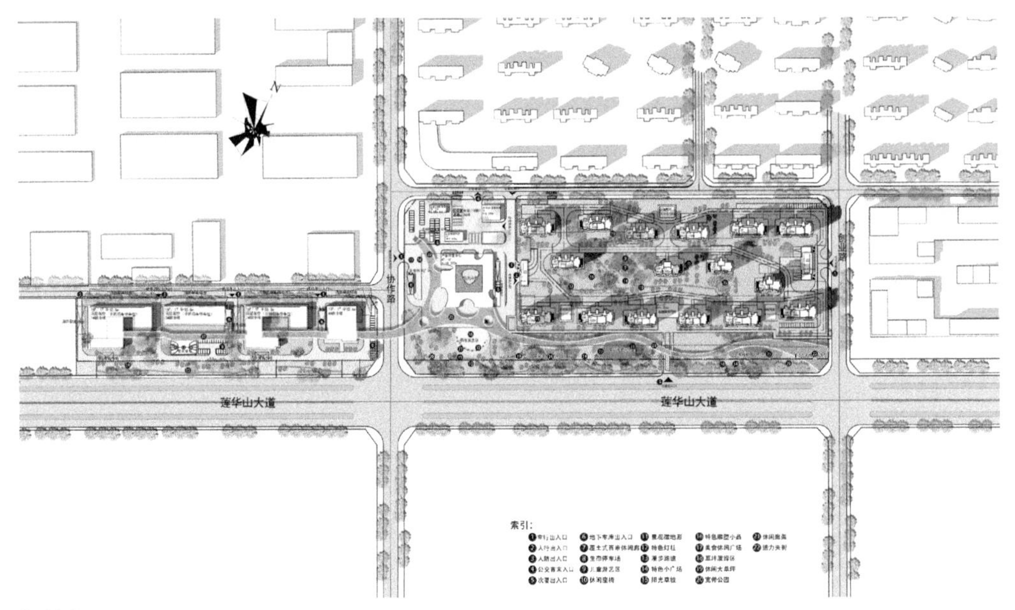

规划总平面图

展新局面、满足人民对美好生活向往。规划定位为立足城南、服务产业、展示风貌的窗口；积聚服务功能，构建带状城市发展轴上的重要节点；贯彻“共同富裕 / 产城一体 / 未来社区”理念，树立浙江省产业社区和蓝领家园的样板。

整体鸟瞰图

02/ 规划构思

1. 邻里中心规模测算

上位规划确定城南园区 15 分钟生活圈约 5km²，总服务人口约 7.37 万人；根据配套设施测算表，本项目用地范围内需要配置公交首末站及开闭所两项设施；上位规划确定城南园区划分为 6 个 5 分钟生活圈；项目所在区域，占地约 75hm²，居住人口估算为 1.8 万人；根据配套设施测算表，本项目用地范围所在 5 分钟生活圈内需要配置托老所、社区食堂、文化活动站、社区服务站、再生资源回收点、公共厕所、生活垃圾收集站共 7 项公共服务设施。

2. 业态布局规划模式

上位规划提出“公园 +”模式复合布局社区中心；规划的两处“公园 +”社区综合体位置偏东，距本项目较远。规划延续“公园 +”布局模式，围绕产业邻里中心，开辟 2 万 m^2 社区公园，增设 1 个“公园 +”综合体使其覆盖半径更加均衡。

03/ 规划内容

通过调研分析，提出“都市绿洲、活力天街、灵动空间”三个设计理念，着力打造五大特色场景。

1. 活力天街场景

构思利用 300 余米长的架空平台加上 400 余米起伏的景观步道，形成总长 800m、贯穿整个基地的带状连续步行空间（天街），避开喧嚣，开放视野，一路通达，体验活力。

鉴于周边产业园区缺乏公共绿地，本项目规划了 2 万 m^2 的社区公园向市民免费开放，助力江山城市生态环境的提升。

2. 礼贤文化场景

结合邻里中心的业态设置，链接区内文化设施，营造浓厚学习氛围，将地方特色的礼贤文化贯穿于社区。

3. 移动商业场景

针对园区夜间倒班需求，将自发形成的餐饮夜市搬迁到邻里中心西广场，移动餐车、统一管理，打造魅力“城南美食夜市”品牌。

4. 高效服务场景

集中归并布置园区政务管理、物业服务、卫生健康、居家养老、学龄儿童托管等社区服务项目。

利用大数据、物联网、区块链等技术，实现家庭智能化，同时与园区管理、学校、医院等机构互联，进而实现社区的智能化。

5. 培训创造场景

顺应未来生活与就业融合的新趋势，构建“大众创新、万众创业”的未来创业场景。提供全方位的创业辅导及点对点服务，政策传达，创业交流；提供政府及金融机构等的及时支持。

职工公寓鸟瞰图

职工公寓街景图

邻里中心街景透视图

天街透视图

人才公寓透视图

人才公寓街景透视图

人才公寓透视图

04/ 项目实施

本项目被列为2021年度江山市重点项目，时间进度和质量要求很高。在业主方——江山经济开发区建设投资集团有限公司的大力配合下，仅用两个月完成规划和建筑方案过会和成果上报。目前职工公寓已进入主体施工，其余部分已基本完成开工前准备工作。

施工现场

南京河西新城绿色建筑规划

01/ 项目概况

河西新城位于南京市主城西部，与老城仅一河相隔，距新街口（中心城区）最短距离仅 2km，奥体中心至新街口地区的公路也仅为 7km 左右。

河西新城位于南京主城西南部，北起三汊河，南接秦淮新河，西临长江夹江，东至外秦淮河、南河，总面积约 94km^2，其中，陆地面积 56 km^2，江心洲、潜洲及江面 38 km^2。

本规划主要针对河西新城南区进行，通过制定实施科学合理的绿色建筑规划，不仅给使用者带来更舒适的生活空间和居住空间，而且更好地保护人类赖以生存的自然环境，减少环境污染。

02/ 目标定位

绿色建筑规划的目的不是城市的重新装修，而是指导城市持续健康发展，完善和提高城市功能。本规划定位：

1. 加强能源节约与综合利用

绿色建筑规划通过对设计和管理的优化，从源头减少能源需求，提高能源的利用效率，促进能源的梯级利用。

2. 减少环境污染与保护自然生态环境

在建筑物的全寿命周期内，强调自然材料的使用，使建筑废弃物的排放和对环境的污染降到最低，保护建筑周边自然环境及水资源，保持历史文化与景观的连续性，注重建筑与自然生态环境的协调，减少对生态环境的破坏。

绿色建筑不仅关注建筑的运行，还包括建筑物整个寿命周期内的设计、建造、改造及最终的拆除，在整个寿命周期内要充分考虑并利用环境因素，对环境的危害降至最低。

3. 构建以人为本的健康、和谐的生活环境

绿色建筑应合理考虑使用者的需求，努力创造健康、舒适、安全的生活居住环境，保护建筑的地方多样性，提高建筑室内舒适度，提高城市品质，为使用者的生活创造更多便利。

03/ 规划内容 & 技术创新

1. 规划内容

（1）规划年限：以 2012 年为起止规划年，近期至 2015 年，远期至 2020 年。

（2）规划范围：南京河西新城南部地区，其规划总用地面积 1417.39hm^2，其中规划城市建设用地 1374hm^2。

（3）规划依据：基于《绿色建筑评价标准》GB/T 50378，与绿色建筑标准相比更突出对建设地块进行规划管理的需要。

（4）规划内容：

1）强化并明确《绿色建筑评价标准》GB/T 50378 中对项目的整体指标，梳理适于纳入地块规划建设管理的指标；

2）结合各专项研究，完善部分《绿色建筑评价标准》GB/T 50378 中没有涵盖的地块层面生态指标；

3）地块整体指标的逻辑顺序采用与《绿色建筑评价标准》GB/T 50378 一致的顺序，便于统一管理；

4）对于河西新城南部地区的鱼嘴鱼背区及城市核心区，为打造地标性片区作为示范性区域，该两区域部分地块力求打造为高星级、高标准绿色建筑。

5）星级规划分析及引导。新城绿色建筑比例要求为 100%。规划针对各个地块，重点对评分项中相对较难达标项及具有引导作用的条款，结合关键性指标进行分析，确定规划地块星级标准。

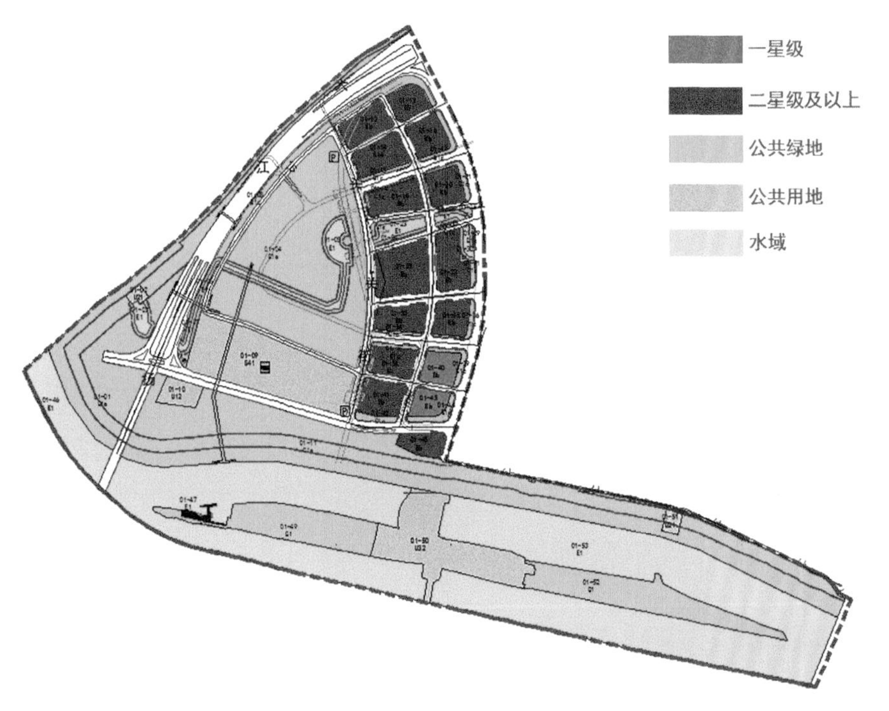

主要功能区绿色建筑设计及运营标识规划方案

2. 技术创新

（1）落地性与弹性相结合：制定绿色建筑图则，将绿色建筑的建设纳入土地出让条件，以保证规划的落地性。同时，根据实际土地出让和实际建设进度进行调整，保持一定的弹性。

（2）成熟性与前瞻性相结合：采用可靠而适度超前的技术和材料。

（3）专业性与综合性相结合：重视智能技术和绿色建筑的新技术、新产品、新材料与新工艺的结合。统筹考虑建筑全寿命周期内节能、节地、节水、节材、保护环境和满足建筑功能之间的辩证关系。

（4）经济性与社会性相结合：注重经济性，从建筑的全寿命周期综合核算效益和成本，引导市场发展需求，适应地方经济状况，实现经济效益、社会效益和环境效益的统一。

04/ 规划实施

《南京河西新城绿色建筑规划》作为南京市河西新区推进低碳生态城高质量发展、提升城市品质和人居环境质量的重要依据，南部新城的新建建筑将 100% 达到二星级，90% 以上为二星以上建筑。2022 年 10 月 26 日，河西新城“省级绿色建筑和生态城区区域集成示范”顺利通过江苏省住房和城乡建设厅验收。

百色市（中心城区）可再生能源建筑应用专项规划（2018—2025）

01/ 项目概况

2015 年 7 月，百色市成功获批为第三批全国公共建筑节能改造重点城市，2016 年，《广西壮族自治区民用建筑节能条例》出台，建筑可再生能源利用成了百色市节能减排、绿色发展的必由之路。本规划结合百色市可再生能源禀赋，因地制宜加强以江水源热泵为代表的多种可再生能源技术在建筑领域的应用，助推百色市主城区能源结构转型。

02/ 目标定位

在充分剖析城市自然环境条件、建筑能源结构、可再生能源应用现状的基础上，对百色市中心城区可再生能源资源进行评估，因地制宜地提出可再生能源应用规划方案，分别针对既有建筑为主的老城区和规划新建的龙景片区、迎龙片区、百东新区提出可再生能源应用策略，进行技术经济和效益分析，并提出切实有效的技术措施和实施保障措施。

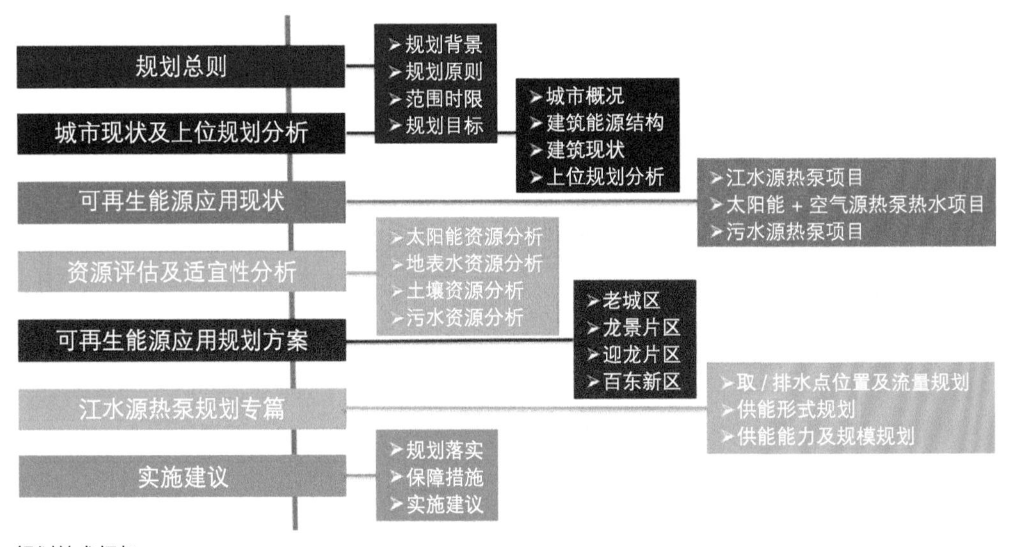

规划技术框架

规划目标：

（1）2018—2022 年，可再生能源在建筑中应用要取得实质性进展，建立相关的政策法规、技术标准和支撑体系。规划至 2025 年，可再生能源建筑应用面积达到如下标准：

各项可再生能源技术应用建筑面积

分项		至 2022 年建筑面积（万 m^2）	至 2025 年建筑面积（万 m^2）
太阳能应用面积	太阳能光热 + 空气源热泵	250	625
	太阳能光伏	0	12
浅层地热能应用面积	埋地管地源热泵供公共建筑空调	190	304
	江水源热泵供公共建筑空调	206	309
	江水源热泵供生活热水	95	248
	湖水源热泵供公共建筑空调	0	3
	污水源热泵供公共建筑空调	0	2
合计		741	1503

（2）规划至 2025 年，可再生能源建筑应用面积覆盖率达到如下标准：

1）公共建筑：除建筑面积 10000m^2 以下的公共建筑外，所有新建公共建筑均应采用一种或几种可再生能源，新建建筑可再生能源应用比例基本达到 100%。

2）居住建筑：所有新建建筑均应采用一种或几种可再生能源，新建建筑可再生能源应用比例达到 100%。

（3）规划至 2025 年，建筑节能技术推广率达到如下标准：

1）新建建筑实施节能 60% 设计标准比例 100%；

2）新建住宅应用可再生能源热水系统比例 100%；

3）能耗分项计量率 100%。

03/ 规划内容 & 技术创新

1. 规划内容

（1）规划范围：百色市中心城区的可再生能源建筑应用分为四个组团：老城区、

龙景片区、迎龙片区和百东新区。

（2）规划年限：2018—2025 年。

（3）规划内容：

1）老城区重点对有拆迁改建计划的居住建筑规划采用太阳能 + 空气源热泵供生活热水，因地制宜选取合适的公共建筑进行江水源热泵供空调制冷及生活热水试点工程。

2）龙景片区和迎龙片区重点发展沿江地块应用江水源热泵供能，江水源供能半径覆盖不到的采用太阳能 + 空气源热泵的形式提供生活热水。对于容积率大于 2.0 的公共建筑，采用地埋管地源热泵。

3）百东新区距离江水较远，重点针对容积率不大于 2.0 的公共建筑，规划采用埋地管地源热泵提供空调及生活热水，新建居住建筑地块规划采用太阳能 + 空气源热泵提供生活热水。

2. 技术创新

本规划大规模应用江水源热泵。针对百色市独特的丰富水源——右江水系，制作江水源热泵规划专篇，研究江水源热泵效率的各影响因子，以取排水点互不干扰为原则，科学排布取排水点。并根据建筑物布置确定江水源热泵站点位置。

（1）江水源热泵规划目标：规划至 2022 年完成江水源热泵供居住建筑及学校、医院、酒店生活热水用能项目 95 万 m^2，规划至 2025 年累计完成江水源热泵供能项目 248 万 m^2，江水源热泵应用潜力共计 882 万 m^2。

（2）绘制江水源热泵取 / 排水点及供能范围布局图，清晰给出江水源热泵的实施技术路径。

（3）江水源热泵规划的关键点：

1）取水头部的布局、取水点位置及覆盖地块；

2）取水量、供能面积；

3）上下游取 / 排水点间距对水温的影响；

4）取水泵站位置确定；

5）集中式机房及分散式机房的形式论证。

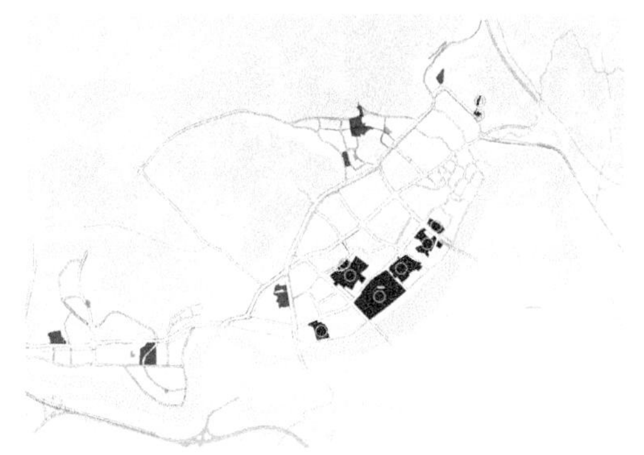

老城区太阳能 + 空气源热泵 + 江水源热泵供生活热水

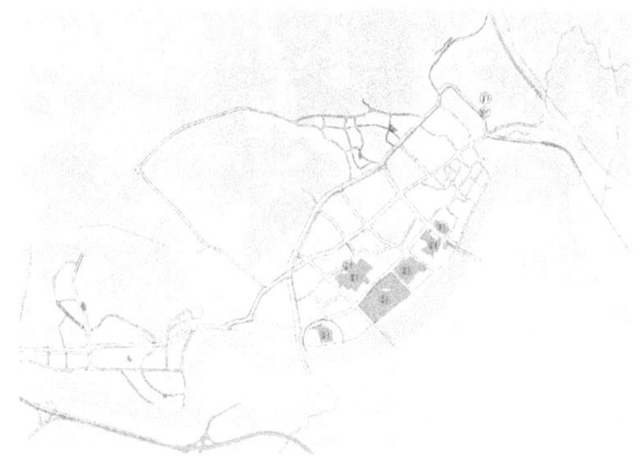

老城区江水源热泵供公共建筑空调

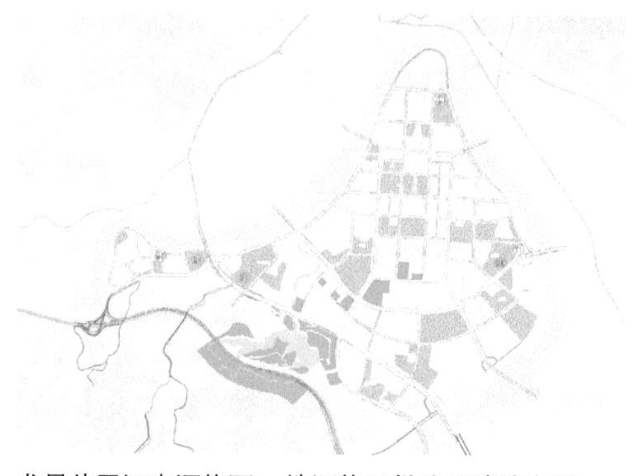

龙景片区江水源热泵 + 地源热泵供公共建筑空调

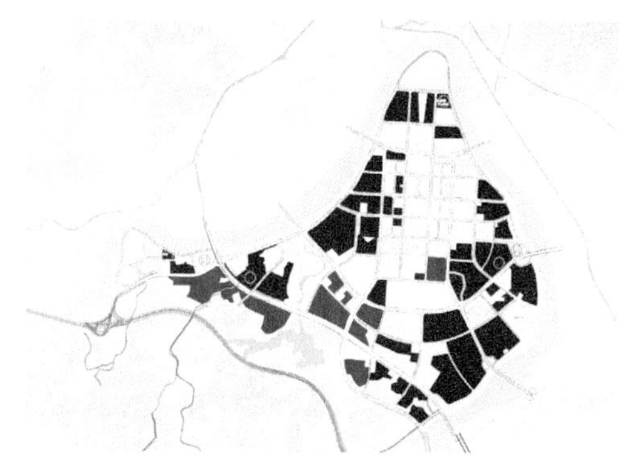

龙景片区江水源热泵 + 太阳能 + 空气源热泵供生活热水

迎龙片区江水源热泵 + 土壤源热泵供公共建筑空调

迎龙片区江水源热泵 + 太阳能 + 空气源热泵供生活热水

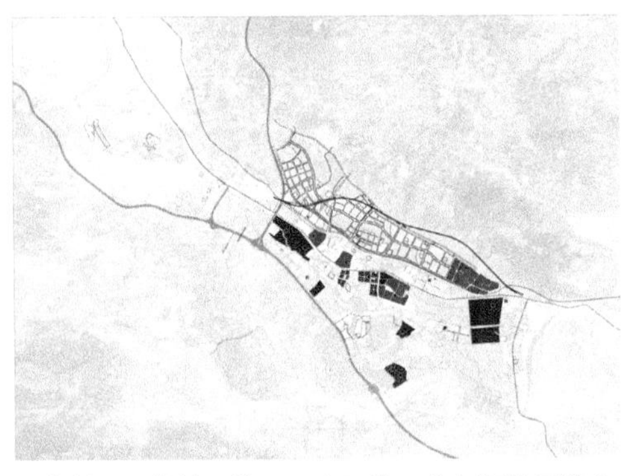

百东新区近期地源热泵 + 太阳能 + 空气源热泵供生活热水

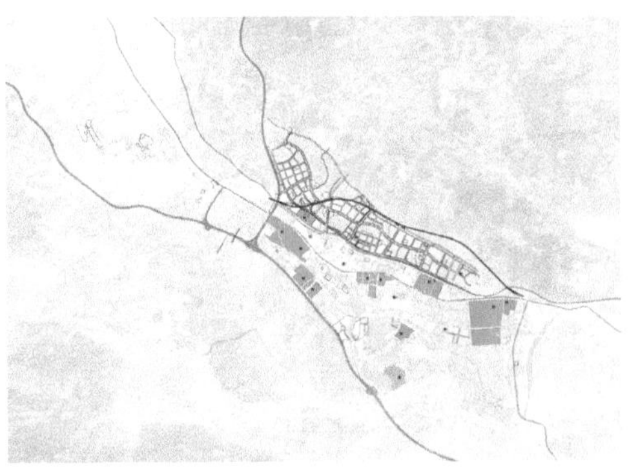

百东新区近期地源热泵供公共建筑空调

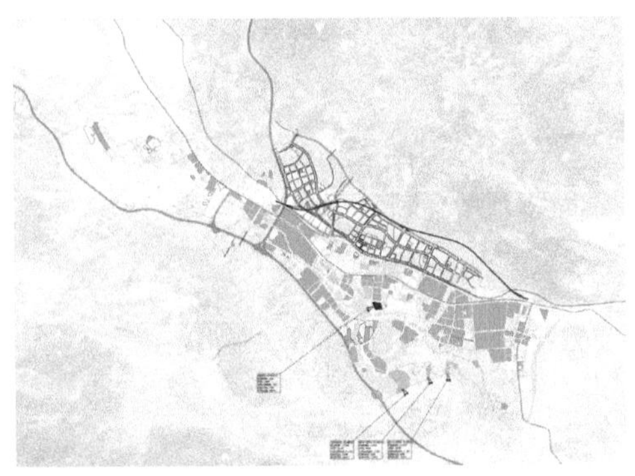

百东新区远期地源热泵供公共建筑空调

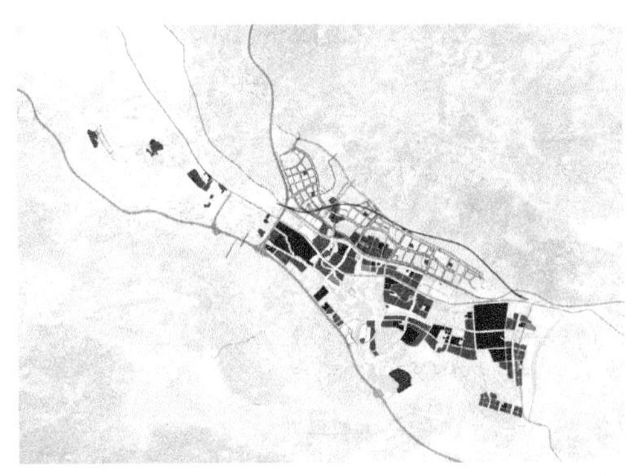

百东新区远期地源热泵 + 太阳能 + 空气源热泵供生活热水

百东新区远期太阳能光伏

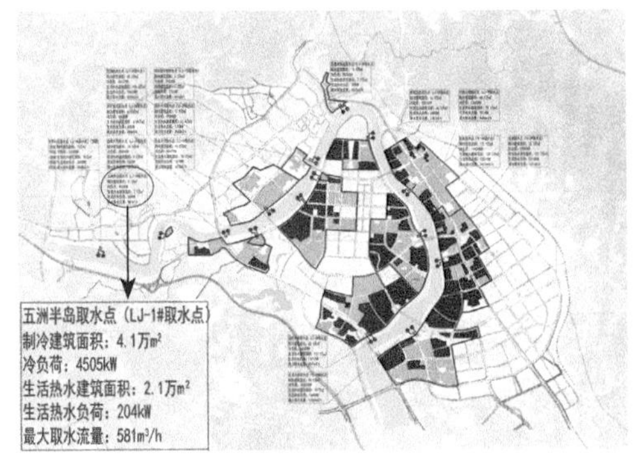

江水源热泵规划图

04/ 规划实施

规划至 2025 年，百色市中心城区可再生能源建筑应用预计节约标准煤 12.4 万 t/a，可减排 CO_2 31 万 t/a，减排 SO_2 2471t/a，减排 NO_x 914t/a，减排粉尘 1236t/a，具有很可观的节能环保效益。

长沙轨道交通第三轮建设规划线路物业综合开发（TOD）规划咨询项目

01/ 项目概况

长沙市轨道交通 1 号线、2 号线、3 号线、4 号线、5 号线一期工程已经开通，2017 年 3 月 15 日，《长沙市城市轨道交通第三期建设规划（2017—2022 年）》获得国家发展改革委批复，为推动《长沙市城市轨道交通第三期建设规划（2017—2022 年）》的实施与推进，特启动该规划的编制工作。

本次规划以轨道交通站点半径 500m（换乘站点半径 800m）、按车辆基地本体工程用地以及周边不低于本体工程用地规模两倍的开发用地划定综合开发规划研究范围。根据地形、用地条件、用地权属、城市道路等实际情况按“一案一策”划定。在此基础上，用地范围可按照应满足车辆基地和上盖物业所需功能，同时依据平衡车辆基地综合开发收益的原则进行适当调整。

02/ 目标定位

结合国内外轨道交通综合开发实践，以长沙轨道交通三轮建设线路为研究对象，提出长沙轨道交通线沿线物业综合开发规划、投融资模式等成果以及长沙轨道交通综合开发所需的政策法规和体制机制，为这几条轨道交通线沿线土地综合开发提供重要依据，为长沙轨道交通综合开发提供示范和标杆，为长沙市轨道交通可持续发展打下扎实基础。

营造创新标杆：探索和创新长沙市轨道交通站点周边土地综合开发模式与策略。

打造六位一体：土地收益一体化、功能业态一体化、交通组织一体化、空间景观一体化、地上地下一体化、实施保障一体化。

规划实施保障：在规划研究的基础上，加强可实施性研究，为长沙轨道交通线站点周边土地高标准、高效率、最大化综合开发利用提供技术服务。

03/ 规划内容 & 技术创新

研究线路包含长沙地铁 7 号线、1 号线北延线、2 号线西延线二期、4 号线北延线、5 号线南延线和 5 号线北延线。

本次 TOD 研究主要包括七大部分内容：TOD 开发思路及战略背景的研究、现状调研与物业市场分析、沿线潜力地块及重点筛查、TOD 地块管控要素研究与重点地块策划定位、财务分析与投融资建议、政策与保障措施研究及重点站点地块概念规划设计。

1. 发展模式

打造以服务为导向的轨道交通发展模式。本次 TOD 开发构建“双轨道”研究思路，以“P+R”模式为引导，以公共交通站点为中心、以 300 ~ 800m(5 ~ 10min 步行路程）为半径建立集工作、商业、文化、教育、居住等为一体的城区，以实现各个城市组团紧凑型开发的有机协调模式，从以工程为导向的轨道交通发展模式打造以服务为导向的轨道交通发展模式。

（1）筛查体系

建立三个级别的轨道站点周边筛查体系。关于轨道沿线土地资源筛查，提出了轨道站点用地分类及一套三个层级的筛查体系，即调查地块、潜力地块、重点地块。

（2）相关定义

调查地块：所有“未开发”或“可更新改造”用地，即无建设或建设强度较低、土地权属情况简单、功能有待升级、仍具有开发潜力、可以优先收储的用地，以及通过开发筹集轨道建设资金的用地。

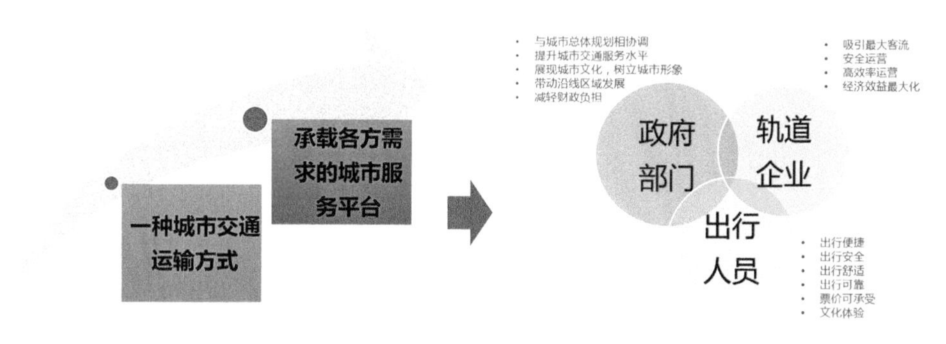

TOD 模式转变示意图

潜力地块：可以按照TOD开发理念进行开发的用地，即按土地利用程度和挖潜改造方向，轨道沿线调查地块中具有开发潜力、具有改造潜力的用地。

重点地块：适合轨道集团开发的具有价值的潜力地块，即对上一层次筛查出来的潜力地块通过相关影响因素建立价值判断影响模型，通过进行价值评价，结合土地权属等因素，最终筛出适合轨道开发的重点地块。

（3）筛查路径

通过现场调研及踏勘，从TOD项目、土地筛查项目调研范围内进行轨道沿线调查地块筛查工作，根据八大类影响因素进行分析并建立价值判断影响模型，建立重点地块三级筛查体系。

2. 调查地块筛查阶段

通过现场调研及踏勘，从TOD项目、土地筛查项目调研范围内进行轨道沿线调查地块初级筛查工作，筛选出两大类用地：

待开发地块：所有未进行开发建设的空白地块；

可更新地块：有条件进行城市更新改造的地块。

3. 潜力地块筛查阶段

对初级阶段筛选出来的地块进行进一步筛选，该阶段主要为潜力地块筛查阶段。结合TOD开发理念，筛查出适合TOD开发的潜力地块：

剔除已挂牌出让的用地；

基本农田及生态红线内等的农林用地。

4. 重点地块筛查阶段

对上一层次筛查出来的潜力地块进行价值评价，从交通条件、区位条件、用地性质、调规可能性、容积率强度分区、建设现状（拆迁难度）、地块规模及形状、周边配套八大类影响因素进行分析并建立价值判断影响模型，通过每类影响因素并考虑其系数得出潜力地块总分值，最终筛出轨道自主开发的重点地块。

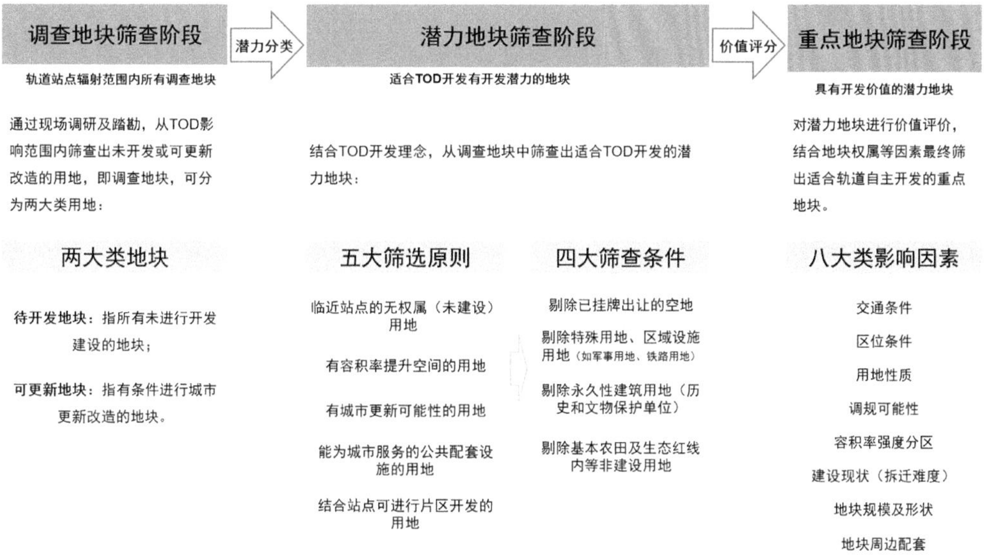

调查地块筛查阶段

轨道站点辐射范围内所有调查地块

通过现场调研及踏勘，从TOD影响范围内筛查出未开发或可更新改造的用地，即调查地块，可分为两大类用地：

两大类地块

待开发地块：指所有未进行开发建设的地块；

可更新地块：指有条件进行城市更新改造的地块。

潜力分类

潜力地块筛查阶段

适合TOD开发有开发潜力的地块

结合TOD开发理念，从调查地块中筛查出适合TOD开发的潜力地块：

五大筛选原则

临近站点的无权属（未建设）用地

有容积率提升空间的用地

有城市更新可能性的用地

能为城市服务的公共配套设施的用地

结合站点可进行片区开发的用地

四大筛查条件

剔除已挂牌出让的空地

剔除特殊用地、区域设施用地（如军事用地、铁路用地）

剔除永久性建筑用地（历史和文物保护单位）

剔除基本农田及生态红线内等非建设用地

价值评分

重点地块筛查阶段

具有开发价值的潜力地块

对潜力地块进行价值评价，结合地块权属等因素最终筛出适合轨道自主开发的重点地块。

八大类影响因素

交通条件

区位条件

用地性质

调规可能性

容积率强度分区

建设现状（拆迁难度）

地块规模及形状

地块周边配套

三级土地筛查体系图

04/ 规划实施

通过TOD研究，掌握沿线土地可开发资源，结合城市精明增长、有机更新的发展需求，将轨道交通建设与城市发展相融合，为长沙市轨道交通可持续发展打下基础，凸显轨道对城市发展“点”“线”的拉动作用，“打造轨道经济带，构建轨道生活圈”，实现城市综合能级和核心竞争力的全面提升。

最后，根据长沙市出台的《关于推进轨道交通场站及周边综合开发的实施意见》等政策文件，确定TOD潜力地块、重点地块，建立TOD土地储备名录，便于政府进行土地储备以及制定土地供应计划。

成都市新都区城市容貌提升（色彩、户外广告、外摆、导视系统）设置规划导则

01/ 项目概况

本项目位于四川省成都市新都区，区域面积 496km²。制定新都区城市色彩导则，依托色彩导则制定户外广告导则、 城市外摆导则、导视系统设计导则，规范城市建设及城市发展过程中的精细化管控。项目于 2020 年 8 月启动，历时 6 个月完成所有工作并取得验收。

02/ 目标定位

城市色彩不是城市外在形象的一个方面，更不能只看其表，城市色彩应是表里共存的整体概念，不但包括我们看到的城市，也包括我们联想到的、体验到的城市。物质与精神缺一不可，构成城市色彩的整体。因此，该项目通过溯文脉、理现状、推主色、定旋律、落应用五个部分梳理新都城市色彩根基、脉络、渊源……

1. 溯文脉

一个城市的文化诉说着这个城市的精神色彩，新都区的城市色彩早已在历史长河中埋下伏笔，著名的明朝状元杨升庵在诗句中谈到“宝树林中碧玉凉、秋风又送木樨黄”，清代诗人李应观谈到“奇花多吐四时芳，万绿千红次第香。红莲一朵千秋艳，金桂满城万里香。”

2. 理现状

城市色彩的精神在文脉，但城市色彩的表达落在城市中每一个具体的载体。一个城市的建成经历着不断扩张和更迭，城市中已有的现状占据着色彩中大部分的比例。在具体的城市色彩分析中又分为自然色彩、人工色彩、历史人文色彩，梳理这样的色彩让人们更能了解城市的现状色彩，确定城市的特征色、识别色，落实城市色彩的主旋律以及未来城市要塑造的色彩方向。

民脉 | 民惟邦本，本固邦宁

唐风明韵 |

富足乐学

“扬一益二”，成都不仅是中国最繁华的城市，唐时的成都城，也是当时全世界数一数二的城市，富足盛世。我们现在很多熟悉的新都城市形象，都是始于唐朝。以明代杨升庵为中心所产生的“升庵文化”对新都民风造成了深远的影响，其乐学的态度及治家的方法流传至今。其中包含明代儒学的韵味及明朝廷尚廉务实的为官精神。

乐观详和

东汉说唱俑“中国汉代第一俑”，幽默神态体现出古蜀新都人乐观富足祥和的美好生活。

淳朴美好

新都自古以来民风淳朴、生活美好：“业耕读，寡争讼。士习秀而好文，以读书为业，举止多醇谨，不与外事，衣冠文物尤为近古。民风尚淳朴，务本者多。间有争讼，论以理即解，急公赴义，尤重气节。”

文脉提炼

诗脉 | 意与境会，境外生象

桂林一枝【明】杨升庵
宝树林中碧玉凉，秋风又送木樨黄。
摘来金粟枝枝艳，插上乌云朵朵香。

白莲【明】杨升庵
凌波仙子白霓裳，风助精神露洗妆。
曾向蕊珠宫里见，人间何处有红芳？

东湖【清】李应观
奇花多吐四时芳，万绿千红次第香。
红莲一朵千秋艳，金桂满城万里香。

新都驿远平轩【宋】刘望之
霜晴木落送归鞍，袖手微吟此慰颜。
胜欲凭栏招白鸟，更烦剪树出青山。
晚悲薄禄非三釜，赖许清诗见一斑。
看到远平才得恨，我宁归卧尺椽间。

暑行憩新都驿【宋】陆游
细细黄花落古槐，江皋不雨转轻雷。
长空鸟破苍烟去，落日人从绿野来。
散策意行寻水石，脱巾高卧避氛埃。
羁游未羡端居乐，看月房湖又一回。

桂湖　俞陛云
锦城甲第丽金铺，近郭名园数桂湖。
词客衣冠留故宅，青郊裙屐会新都。
天香浸海人疑醉，荷叶成云路欲无。
灯火渐阑星渐隐，鞭丝侵晓又征途。

诗脉提炼

3. 推主色

特征色不是一个固定的色彩，而是一个范围，是这个城市的精神象征也是识别符号，在城市的发展过程中在不同情景应用中不断强化，也为城市色彩在使用过程中提供重要依据。木樨黄从成都天府黄色系衍生而来，提取新都典型色木樨黄；中高明度、中艳度的色彩呈现出新都温馨的生活环境、宜居的生活品质。宝光红提取自新都典型色宝光红，中低明度、中艳度的色彩呈现出新都传统的文化内核。

特征色——宝光红

通过新都区城市色彩规划"木樨淡彩·质色香城"主题概念，确定新都城市色彩选择范围为：

色相：以木樨黄为主调、延展至宝光红、新都蓝（数据上体现在-Y、-R、-B），通过色相对比塑造色彩上的层次感

明度：塑造以高级灰的整体营造方法和重点强调区域勾勒轮廓的方式作为色谱定调的依据

艳度：集中在05~25、不得超过30

禁止区域

色相：选择禁止选择-G至-B之间

明度：禁止大面积使用低明度色彩

艳度：禁止选择30~90区间

▲ 新都色彩总谱以应用在**建筑**作为定色背景

色环

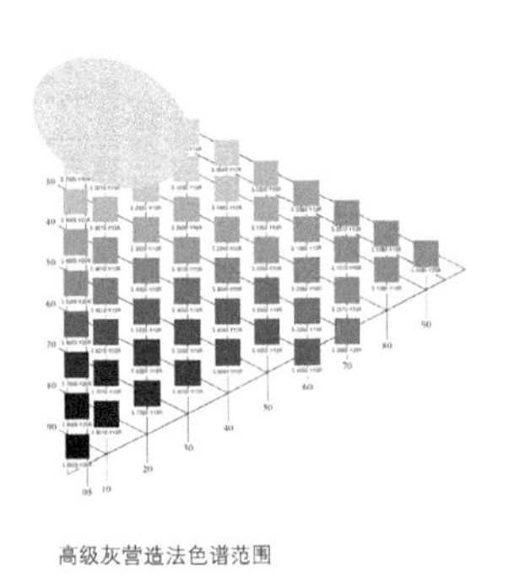
高级灰营造法色谱范围

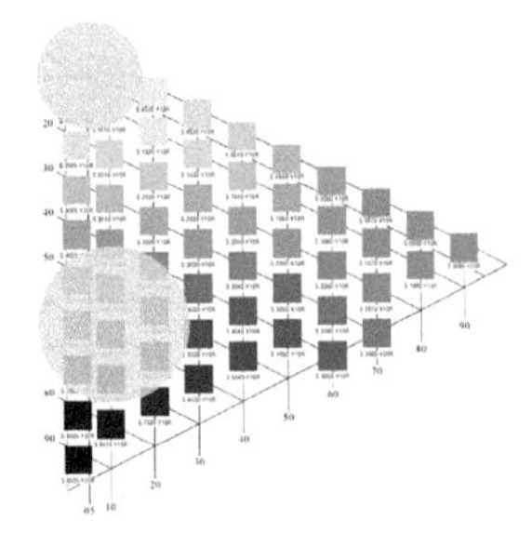
轮廓勾勒营造法色谱范围

城市色彩定色依据

4. 定旋律

通过对地理环境、光照、历史人物、现状、发展的综合梳理，同特征色的结合，最终提取出新都的城市色彩主旋律为：“木樨淡彩，质色香城”，遵循新都总体城市风貌定位：大气文气、精致秀美。以木樨黄作为代表的文脉演绎，将多种浅淡的色相组合，形成了具有新都特质的色彩渲染整个香城，其中淡指明亮轻快的高明低饱和度的调子，

彩指多色相的层次塑造。整体释义了新都阴影城市特征以及对应的以色相对比塑造层次的意象手法，与新都大气、淡定、精致、多元的城市人文精神相得益彰。

城市色彩规划理念

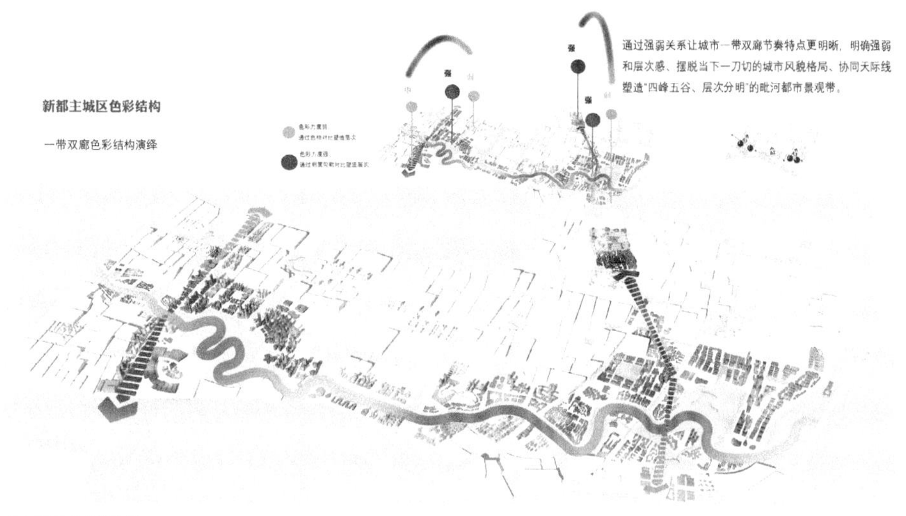

主城区色彩结构

5. 落应用

城市风貌具有表里共存的整体性，对管控手段要求更高。城市色彩是一种有效的风貌管控手段。因为它不但与城市风貌同构，是物质与精神一体的，而且能方便地通过物质操作使精神意象落地。但城市色彩需要依托媒介，包括各类建筑表面材料、景观植以及夜间照明光。如何让这些色彩能够落地、如何让一个城市的色彩旋律得到不断强化，是城市色彩规划一直以来需要突破的难点。为此，我们为新都设计了属于新都自己的城市色彩色卡，以及具体的操作手册，最终希望能将色彩落下来，落到不同的分区、载体、场景、管控以及实施路径。

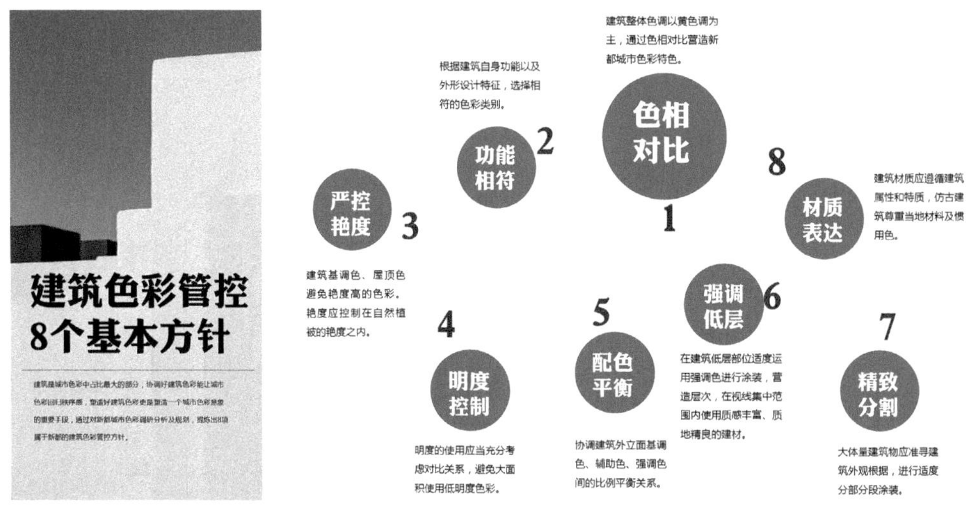

建筑色彩管控 8 个基本方针

03/ 规划内容 & 技术创新

新都区城市容貌提升，是在公园城市建设背景下，追溯城市文脉、梳理城市色彩基底、寻找城市主调，以城市色彩为核心，开展的系统性城市形象识别系统提升。创新执行的城市色彩、户外外摆、户外广告、户外导视系统，将城市以点、线、面的方式，全系统覆盖，通过综合性的治理体系及样板段示范，建立可实施可落地的管控引导。

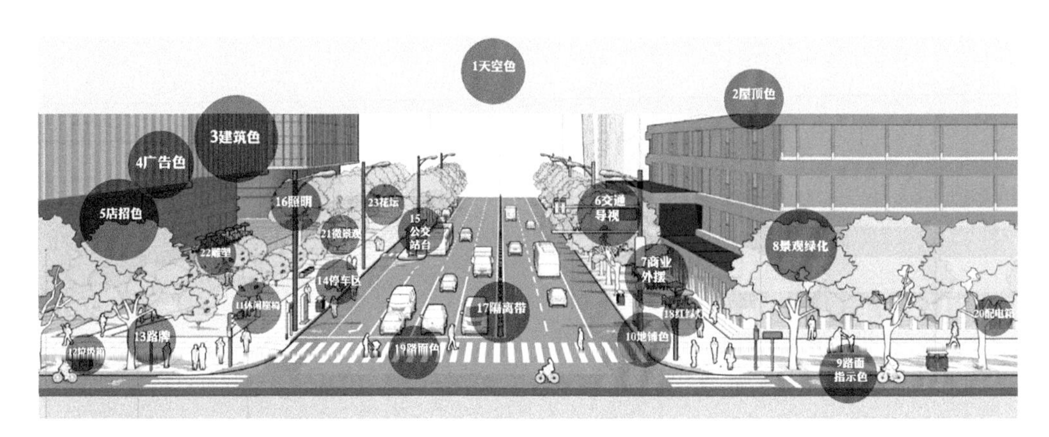

城市街面 U 形管理模式

04/ 规划实施

本导则制定完成后笔者作为新都区专家持续参与城市设计项目评审工作，本导则成果得到实际应用，有效地管控城市建设中色彩污染、户外广告、户外外摆乱象问题，推动新都城市形象识别形象系统建立。创新制定的城市外摆导则在《成都市人民政府办公厅关于进一步深化错时延时服务精准推动城市管理“五允许一坚持”的通知》后起到了实施指导作用，成为新都区年度工作亮点。

Development Planning

发展规划

张家口“未来之城”综合开发项目总体概念规划

临沂水上经济发展规划

张家口“未来之城”综合开发项目总体概念规划

01/ 项目概况

随着城市在空间上的扩展、人口大量聚集以及城市经济活动的增加，引发了一系列生态及城市问题。为了实现城市的可持续发展，突破当前城市发展瓶颈，探索未来城市的发展建设方向和内容是当前城市面临的重大问题。未来城市必须以更加生态、更加智能、更加富有魅力为发展方向。

作为河北新翼，张家口市从河北边缘城市转变为京津冀重要节点城市，城市能级大大提升。伴随冬奥赛事的到来，国际化标准设施的建设，使得张家口从环首都休闲度假基地成为世界瞩目的国际奥运城市。加之三条高铁的修建，使张家口跨入“大物流时代”。如何紧抓“一带一路”和奥运赛事新机遇，打造绿色创新发展新高地、推进产业转型升级，是探索其城镇绿色发展新方向的关键。

生态 + 创新 + 休闲

奥体公园
活力绿环
滨河公园

金融创投
总部基地
创意研发
现代商务
咨询服务

体育运动
康体养生
商业休闲
会议培训

核心功能：特色金融商务中心

商务金融、总部基地、创新研发、教育培训

特性功能：城市公共活力中心

体育运动、康体养生、旅游休闲

基本功能：生态宜居新城

生活居住、配套服务等功能

规划理念

02/ 规划构思

规划理念：创新、协调、绿色、开放、共享。

功能定位：未来新城城市功能定位将突出生态、创新、休闲，在打造生态宜居新城的基础上，重点培育特色金融商务中心核心功能和城市公共活力中心特色功能。

03/ 规划目标

京津冀协同发展平台。

乌大张特色金融商务中心。

华北冰雪运动康养示范区。

04/ 规划内容

1. 协同奥运助力产业发展

（1）冰雪体育产业协同

依托“奥运 +”，发展冰雪体育产业，提升赛事综合效益，发展“冰雪 +”产业重点项目。与特色产业结合发展，打造“一地一品”“一地多品”的特色冰雪产业。

（2）健康旅游产业协同

建设旅游集散中心，搭建健康医疗综合服务平台。承担展示城市价值的功能，通过活力商业中心、特色酒店、共享新能源汽车租赁中心、旅游服务中心等展示项目形象，并为相关产业集聚提供服务与支撑。

冰雪+新能源——冰雪研发中心

冰雪项目中，能耗将占到运营成本的50%以上，支持高等学校、科研院所和企业加大协同创新力度,根据不同人群的需要,研发多样化、适应性强的冰雪器材装备。鼓励与国际领先企业合作设立研发机构,加快对国外先进技术的吸收转化。

冰雪+文化——奥运文化传媒中心

张家口市紧扣冬奥会筹办，突出“文化+冰雪运动”，推动文化产业上档升级。在北京携手张家口筹办冬奥会的大背景下，张家口市深挖“冰雪文化”

冰雪+商业——冰雪综合体

建立冰雪产业发展基金，运用金融平台和资本杠杆将冰雪产业资本化和国际化，撬动冰雪产业的创新性研发，促进冰雪经济跨越式发展。以庞大的冰雪市场为基底，以国际范式的冰雪运营模式为样板，打组合牌。

“冰雪 +”产业发展策略

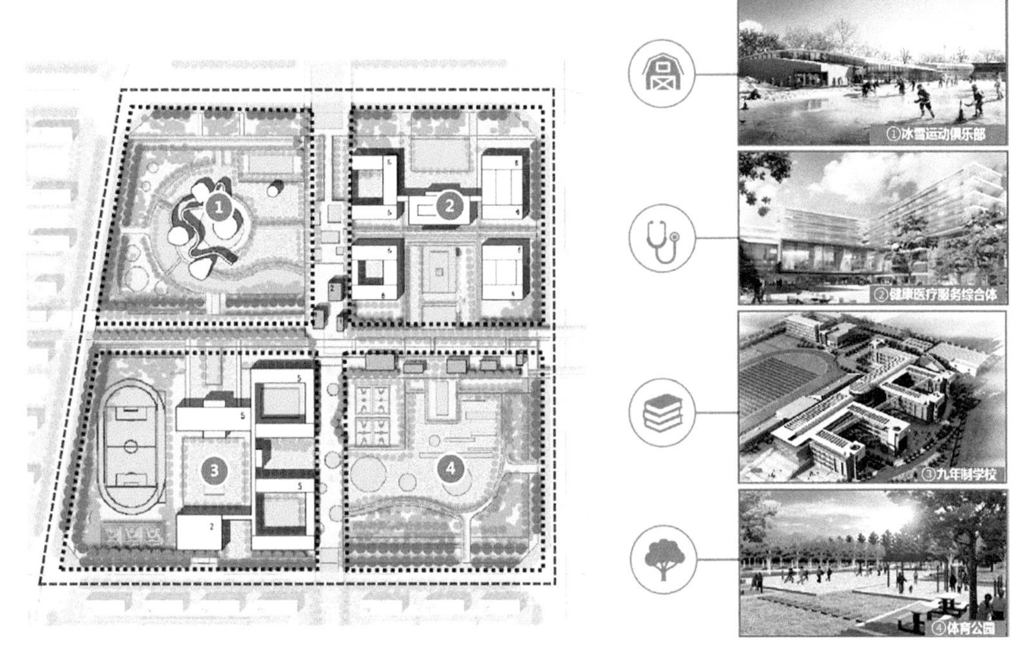

康养综合体

2. 引领区域绿色创新发展

（1）新能源产业协同

发展国际碳汇交易，通过市场约束激励企业低碳转型升级。

发展能源科研孵化，通过技术提升探索清洁能源应用模式。

发展能源试用推广，通过示范推广引领区域绿色生态发展。

发展能源技术服务，通过智慧手段支撑能源智慧高效利用。

（2）大数据产业协同

重点发展大数据的软硬基础设施建设和应用软件的开发，促进发展数据交易、实现数据产业化，打造京津冀大数据特区，成为新城的“智慧大脑”。

3. 破解产业发展瓶颈

（1）金融商务产业协同发展

重点发展现代生产性和生活性服务业，如总部办公、商务商业、科创文创、会议会展、精品购物（OUTLESS）、特色餐饮等。

（2）技术服务产业协同发展

以发展高新技术产业为主，完善产业链，实现衍生技术推广及应用，以“产、学、研”一体化发展提升产业科技含量。

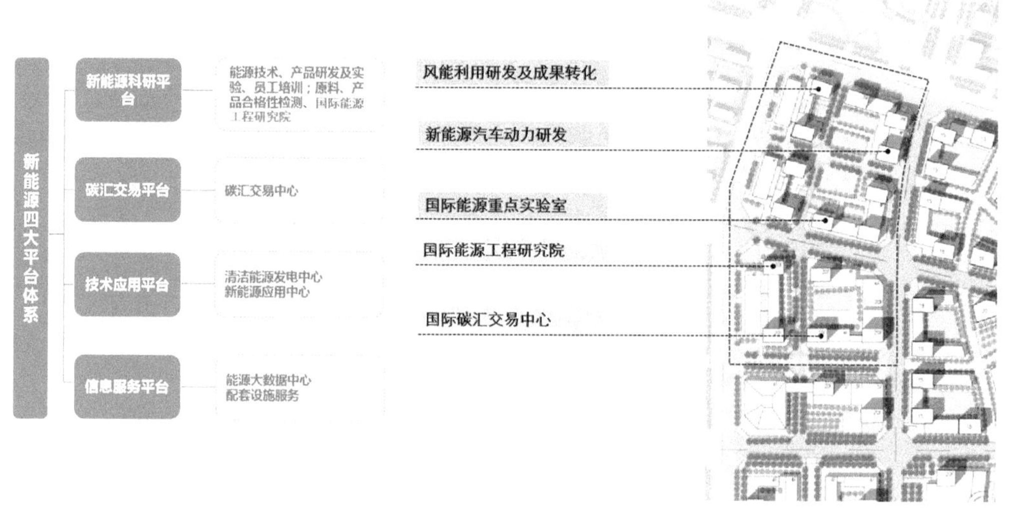

新能源产业布局

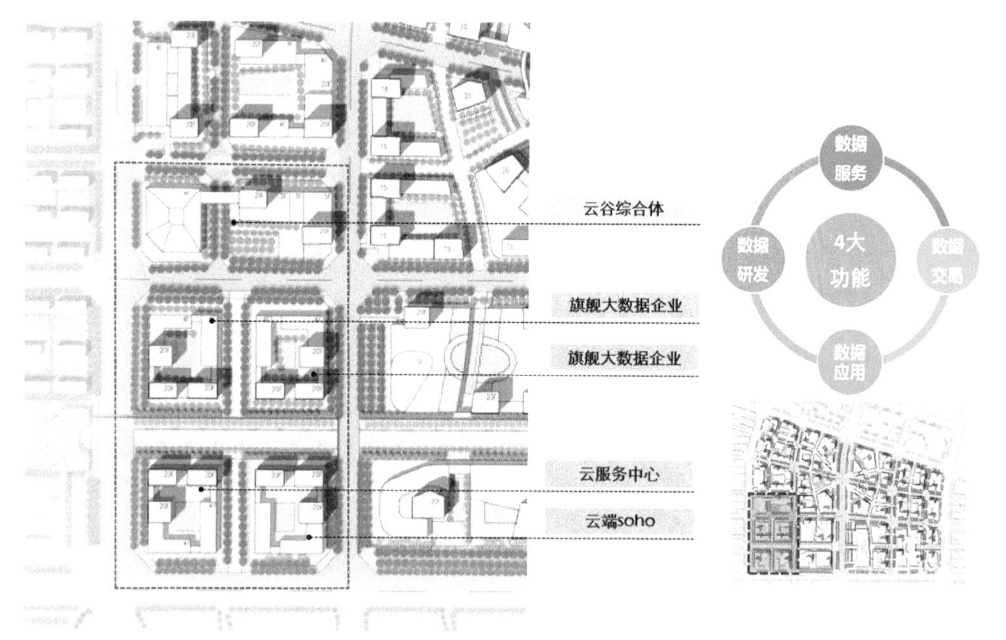

大数据产业布局

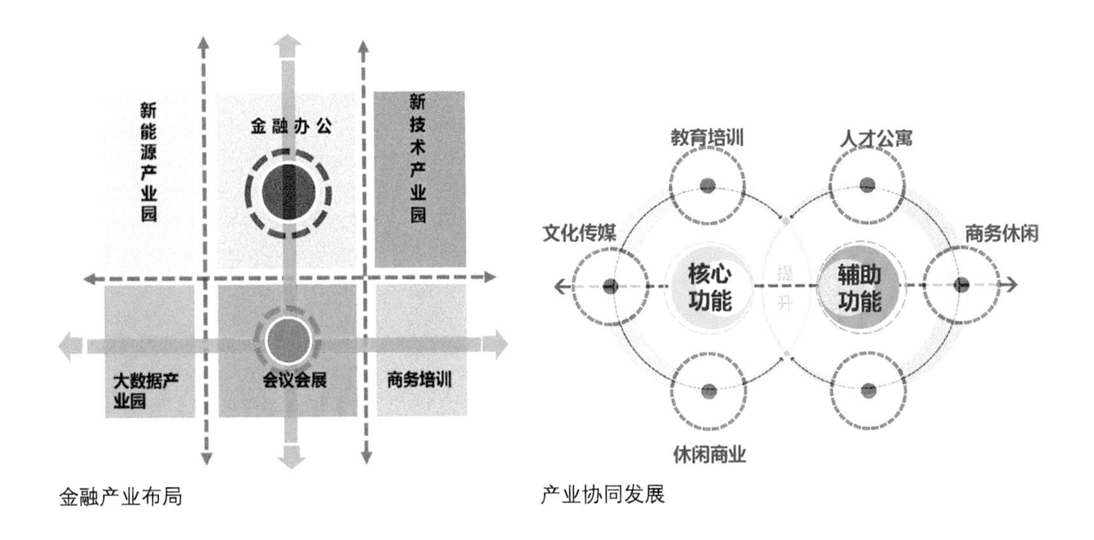

金融产业布局　　产业协同发展

05/ 规划实施

分区效果图

整体效果图

临沂水上经济发展规划

01/ 项目概况

2013 年，临沂市被水利部列为全国首批水生态文明城市建设试点市，临沂以建设“水之城、文之邦、商之都”为目标，充分依托中心城区水系发达、水网密布的优势，因地制宜加快城市河道治理步伐，积极打造具有北方特色的水生态文明城市。2019 年，临沂加快了新旧动能转换的步伐，积极推动东进战略的实施，加强沭河两岸生态保护和开发，科学制定总体规划和控制性详细规划，有序推进中心城区由“一河为轴”逐步迈向“两河时代”。

临沂水系发达，河流众多，历史悠久，文化底蕴深厚，具有发展水上经济的极大潜力。临沂市立足培育壮大精品旅游，打造经济发展新引擎，按照前瞻性、全面性、系统性的原则，对现有水网、航道、旅游资源等资源禀赋进行整合提升，提出编制临沂市水上经济发展规划。

02/ 目标定位

1. 规划目标

“重塑临沂中轴水脉，点亮幸福之河的梦想。”

通过黄金水道，以水为链，加强功能组团的相互串联，绘制新临沂的写意山水画卷；通过文化的挖掘，元素的提炼，故事的演绎，找到属于古老临沂新的灵魂；通过不同层次的景观打造，呈现水城、郊野、田园、湿地等。刻画不同特色段落，将河流与城市文化完美结合，展现临沂多元化的文化，以及年轻、朝气蓬勃的城市特质。

2. 战略定位

“两河、双城、蓝网”“城市黄金水道”。

（1）如何在高度建成的存量地区进行“城市双修”，实现新旧动能转换?

（2）如何改变沿岸精美却缺乏活力的现状，提升空间品质与公共活力?

（3）如何以河流联动城市发展，实现“以河为脉、水城共生”？

（4）如何通过河流的串接实现乡村振兴?

3. 功能定位

国际大都市发展能级的滨水汇聚地：具有全球影响力的金融商贸、文旅创意、科创研发、休闲度假、生态宜居的滨水汇聚地。

新旧动能转换的特色展示区：传统产业向现代高端服务业发展升级的特色展示区，升级临沂成为国家现代服务业综合试点城市。

人文内涵丰富的城市公共客厅：体现高等级文化影响力、高活力公共空间、形象展示、景观特色鲜明的标志性城市水上客厅。

具有宏观尺度价值的活力生态廊道：城市共享的绿色基础设施、大型公共绿地和生态斑块，发挥更高能级的生态效应。

4. 规划理念

以“整体修复、多元织补”为理念，提出“重塑临沂中轴水脉，点亮幸福之河的梦想”的定位，以“四大策略 × 四大片区 × 四大行动”，搭建临沂水上经济未来的发展框架。

（1）“可持续的河流”：以沂河沭河为水脉，通过河网贯通、河流整治、生态补水和防洪安全等多种方式，实现生态格局重构与生态系统修复。

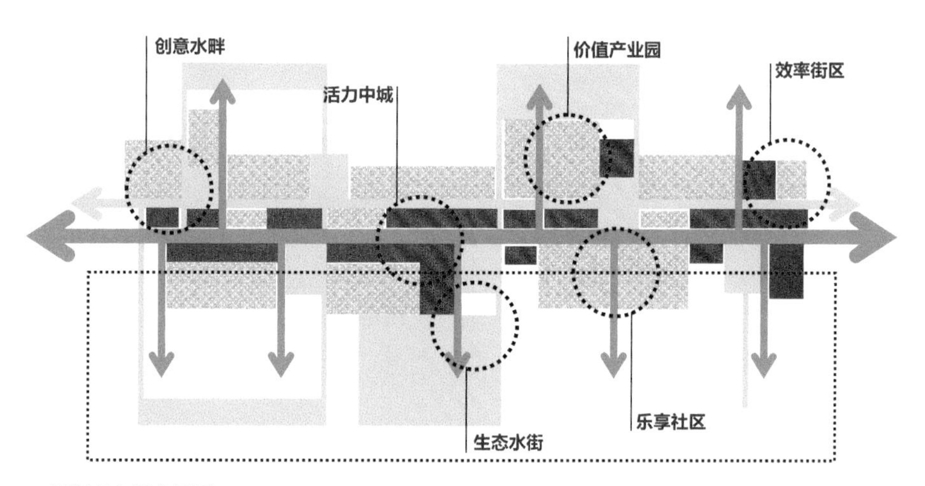

规划理念概念图示

（2）“多元化的河流”：通过对多个特征分区和多元节点的打造，实现沿岸差异化地区的多元融合发展。

（3）“都市化的河流”：划定更新引导区，释放滨水地区价值；以适应性的更新方式保留地区文脉和特色，提升水岸活力。

（4）“活力型的河流”：通过贯通慢行网络、激活公共功能和策划主题活动，提升沿岸地区活力。

03/ 规划内容 & 技术创新

规划从“水 + 城”“水 + 旅游”“水 + 运动”“水 + 交通”“水 + 用地”五个方向入手，探索临沂市水上经济发展的实施行动方法。

1.“水 + 城”专题

通过研究水系与外围城市、城市各板块、临沂老城区、国际生态城等各个城市层级的关系，明确水城互动的联系要素，提出“增加城市与水的接驳”“引水入城”等发展策略，以此解决水城空间割裂、滨水可达性差、滨水用地效益低等现状问题。

2.“水 + 旅游”专题

从“河流振兴、因水而亲、城乡共荣”的角度出发，通过对主要水系河流进行发展定位，完善河流旅游产品和项目业态，以主题游线设计、沂水夜游、其他特色项目等

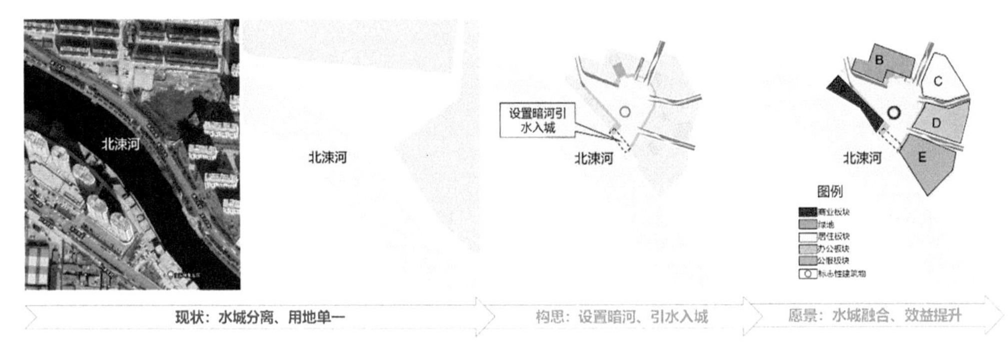

水城交融示意图

沂河
水系

【城市风光秀，最美是临沂】
【人间烟火味，最暖是人心】

沂河
城市水上客厅

公益性、展示性项目、表演性、
运动赛事、城市亲水

祊河　水上文化集市

文创展示、定制商贸、水上商务、
结合特色购物

涑河　江北秦淮河
(青龙河、陷泥河、南涑河)

民俗文化、休闲娱乐、轻休闲

柳青河　水上天街

水市酒吧、商务休闲为主

李公河　科创之河

城市创新产业展示、现代都市风
光游览

沭河
水系

【生态康养福地，颐乐自在临沂】
【休闲度假首选，悠哉畅游沂州】

沭河
城市生态休闲走廊

城市轻游乐、微度假、
生态康养、慢休闲

汤河　田园花溪

田园采摘、湿地观光、生态涵养、
乡村游乐

分沂入沭水道　湿地研学

生态观光、运动拓展、湿地研学

河流形象定位

为吸引点，优化提升临沂市水上旅游品质，树立临沂北方水城的品牌形象与市场竞争力。

3.“水＋运动”专题

以国家鼓励发展健身休闲产业和水上运动产业为背景，通过水上运动赛事策划、水上体育运动产品与设施建设，巩固临沂市国际水上运动之城的发展地位。

水上项目适宜性分析表

项目名称		位置要求	水域特征	环境景观	交通条件	投资收益	适宜性评价
赛事性项目	帆板	无特殊要求	无特殊要求	水上有风	非机动船区、非航道区	投资较低	适宜
	蹼泳	水质清澈，水深适度	水质清澈、水底景观良好	风速小于10m/s	水域能支撑游船到达	投资低	适宜
	水球	水质清澈，水深适度	水质较清澈	无大风浪	非机动船区、非航道区	投资较低	不适宜
	皮划艇	无特殊要求	无特殊要求	无大风浪	非机动船区、非航道区	投资较低	适宜

续表

项目名称		位置要求	水域特征	环境景观	交通条件	投资收益	适宜性评价
赛事性项目	摩托艇	无特殊要求	无特殊要求	风速小于10m/s	达到水深要求	投资较高，收益较高，回报期较长	适宜
	游泳	无特殊要求	水质较好	无大风浪	水域能支撑游船到达	投资较低	适宜
	花样滑水	水面开阔，无暗礁	无特殊要求	无大风浪	非机动船区、非航道区	投资较高	不适宜
	龙舟赛	无特殊要求	无特殊要求	无大风浪	非机动船区、非航道区	投资较低	适宜
	水上极限运动	水质清澈、水深适度	水质较好	无大风浪	非机动船区、非航道区，达到水深要求	投资较高，收益较高	适宜
	激流回旋	水质清澈、无暗礁	水流速度湍急	水上有风	非机动船区、非航道区，达到水深要求	投资较高	不适宜
	桨板冲浪	水质清澈、无暗礁	无特殊要求	风速小于10m/s	非机动船区、非航道区	投资较低	适宜
	潜水	水质清澈、无暗礁	水质清澈、水底景观良好	风速小于10m/s	水域能支撑游船到达，非航道区	投资较高	不适宜

4.“水 + 交通”专题

分析现状临沂市交通发展问题，通过增加跨河联系通道，设置水上巴士等方式，缓解现状城市日常交通压力，解决“最后一公里”问题，同时丰富水上旅游游玩体验方式。

结合城市远景规划，利用好现状的水利设施，水陆结合，提供最具性价比的主干河道。游航区域拓展的规划展望未来临沂中心城区河湖相连，城水相依，在此条件下打造全域水上旅游的规划，实现滨水经济的跨越发展，打造城市旅游名片。

5.“水 + 用地”专题

针对水上项目周边用地发展面临的商业设施缺乏、用地布局单一等问题，提出适当增加滨河休闲商业用地、优化土地利用布局，滨水建筑天际线控制等发展思路，真正发挥滨水用地的经济效益和社会价值。

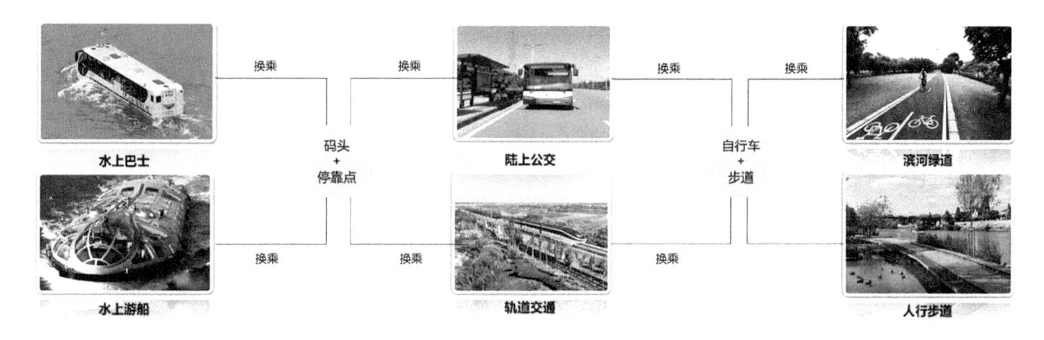

水上、陆地交通接驳示意图

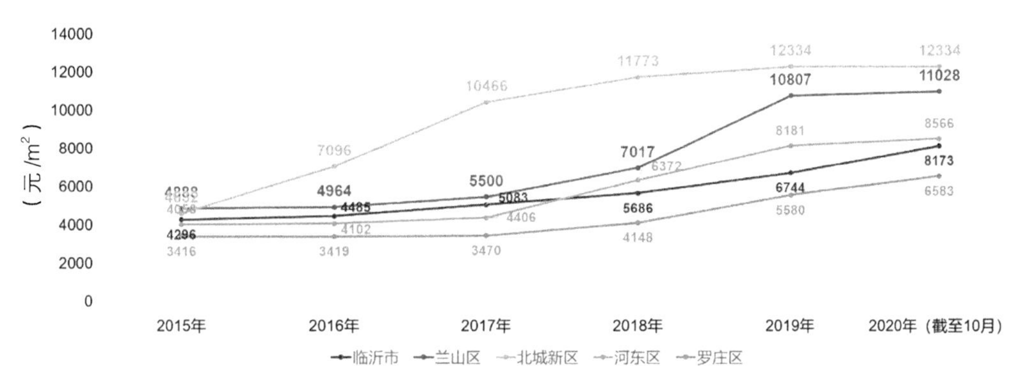

2015—2020 年临沂市及各区房价年度走势图

04/ 规划实施（应用效果）

方案为项目分期建设提出了指导意见，依据规划建立了重大项目库，并对下一阶段规划设计提出了工作思路。在项目运营与实施过程中，要注重对河湖岸线、水产种质资源、水质与水生态保护以及文物的保护，并且要注重气象监测与防洪安全、交通安全、设施安全等安全问题，保障项目建设及项目运营的顺利推进。

同时方案对项目规划建设措施提出了七项建议：

统筹创新、突出亮点；

资本运作与产业运作相协同；

成立统一运营管理的公司；

运营商与开发商的协同；

招商引资与项目实施落地的引导；

项目审批流程，确保规划的可操作性；

项目设施建设安全。确保临沂市水上经济规划的稳步推进和正常建设。

Concept Plan

概念规划

江夏大桥新区项目概念性规划设计

桃花溪流域总体概念规划

望麓园巷改造概念性规划设计

江夏大桥新区项目概念性规划设计

01/ 项目概况

项目用地所在区域为武汉市江夏区大桥新区的公共服务中心，承担着为整个大桥新区提供现代服务业功能的关键职能。通过项目用地的建设，将形成汤逊湖周边的又一标志性住宅楼盘，并实施大桥新区综合服务中心的部分城市功能，成为区域发展的触媒点，引领大桥新区第三产业的发展。

江夏区原为武汉市南部重镇，是武汉市“1+6”组群规划的重要组成部分。江夏区的发展除了依托其高新产业、工业、现代农业等第一、二产业之外，更需重视房地产业及现代服务业等第三产业，充分发挥其高附加值，改变粗放式的经济增长模式。

江夏区“十二五”时期的发展定位是通过打造五大基地，努力把江夏建成武汉南部宜居宜业的滨湖生态新区。功能布局按照“北部工业、南部现代农业、东部、中部服务业、西部临港经济”进行布局，加快推进功能区建设。项目用地位于江夏区中部的服务业区划范围内，地处综合服务核心区边缘，遵循区域的发展态势，承担综合服务及居住等城市功能。

02/ 设计理念

项目用地周边功能设计要素包括：北侧有区域商业区、教育科研区；南侧有生态居住区、汤逊湖景观区；东侧约 500m 为区域生活性干道文化大道、汤逊湖湖泊景观；西侧为规划的区域交通性干道李纸公路，沿李纸公路规划有轨道交通 7 号线，约 100m 有京广铁路线。

项目用地位于大桥新区西南部，为两个完整的街坊；用地西侧紧邻 40m 宽的李纸公路，东侧距汤逊湖约 400m，北侧为规划中的华中的动力车产业园。用地形状较规整，呈长方形，其东西长约 780m，南北长约 540m，规划总用地面积约为 39.19hm^2，其中城市道路面积 4.12hm^2，规划净用地面积约为 35.07hm^2。

根据项目用地周边要素分布情况，结合项目用地形状，针对公共设施用地的空间布局，从点式、单边式、双边式等多种方式进行用地布局分析。

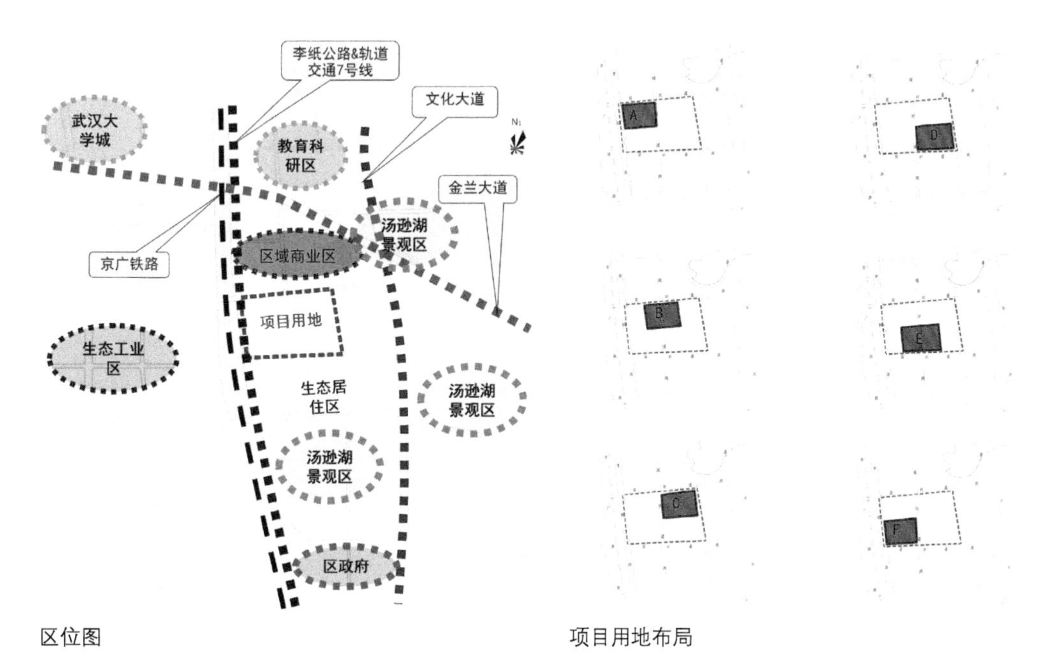

区位图　　　　项目用地布局

项目用地布局分析

类别	布局 A	布局 B	布局 C	布局 D	布局 E	布局 F
城市功能衔接	商业衔接较好	商业衔接较好	商业衔接较好	商业衔接较差	商业衔接较差	商业衔接一般
轨道交通衔接	较好	一般	较差	较差	一般	较好
交通疏散	较好	一般	较差	较差	一般	较好
区域景观标志	一般	较好	较好	较差	较差	较差
道路景观标志	较好	一般	较差	较差	较差	较差

点式布局：规划推荐布局 A 与布局 B。

单边式布局：规划推荐布局 A 与布局 B。

双边式布局：规划推荐布局 A。

“单边 + 双边式”或“点式 + 单边式”布局：若商业单纯点式布局，则区域景观标志性较好，道路景观界面较差，若单纯单边或双边式布局，则道路景观界面较好，区域景观标志性一般，建议采取“点式 + 单边”布局模式与“点式 + 双边”布局模式两个方案进行用地规划布局，强化区域景观标志性及主要道路景观界面。

对两个用地布局方案进行分析：方案一区域景观标志性良好，商业集中度良好；方案二道路景观界面较好，与轨道交通衔接较好。

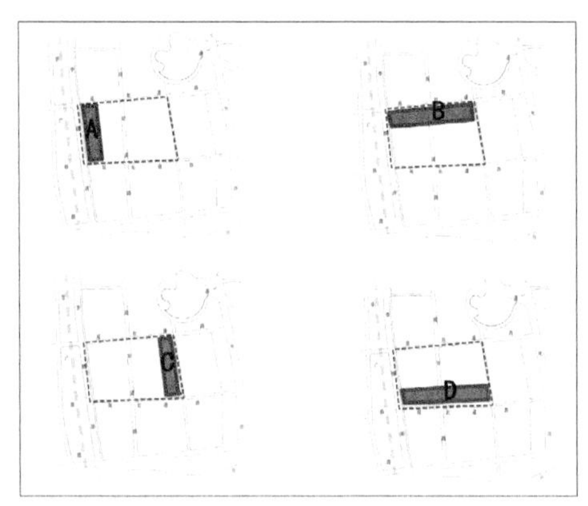

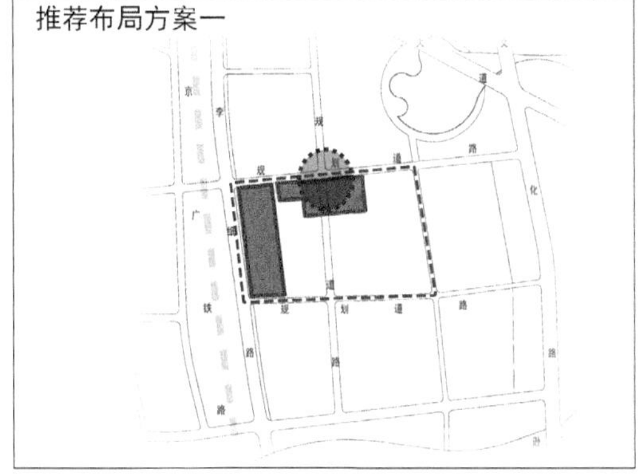

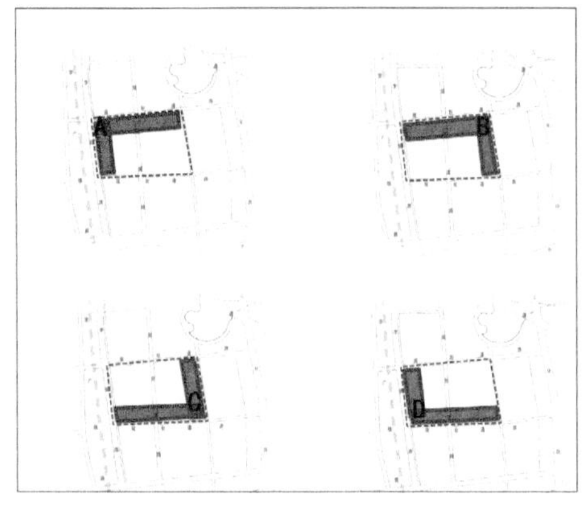

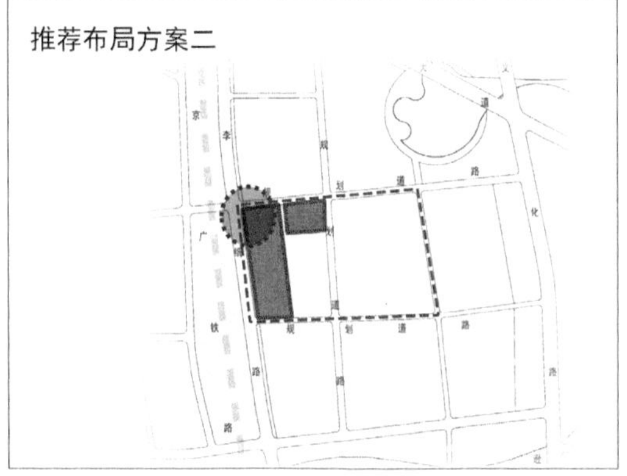

推荐用地布局方案

03/ 技术亮点

项目用地所在的中部综合服务组团依托汤逊湖的自然环境优势，为新区提供行政办公、商业金融、贸易咨询等综合服务，以及配套的商务居住功能。项目用地规划性质为居住用地、中小学教育用地。

在《武汉市江夏区大桥新区总体规划》中，项目地块处在两大轴线交汇的综合服务极核部位，鉴于周边实际审批项目对原有综合服务功能用地的蚕食，项目地块的开发对于落实大桥新区整体功能结构具有关键性作用。

主要提供服务于整个区域的商业、商贸、文娱、游憩、会展、保险、咨询等现代服务业功能，是整个区域人气最旺、活力最强的核心区域。正如：中南、中北路之如武昌区；街道口商圈之如洪山区；青山建二商圈之如青山区。《武汉市江夏区大桥新区总体规划》明确了大桥新区发展的战略布局。但是，从实际发展建设情况来看，区域的发展明显缺乏一个强势的中心，发挥触媒作用，带动周边区域土地价值的快速提升。项目用地应当充分发挥自身优势，依托政策的支撑和区域良好的发展势头，先发制人，率先成为区域核心的龙头项目，抢占区域高端商业、商务、绿色生态居住的商业综合体项目市场，引领整个大桥新区的强势崛起。

调查显示，相当一部分城市人在居住形态上非常怀念以前的院落生活，体现了人们在居住意识上对庭院生活的回归。

庭院生活是中国传统建筑的精髓所在，它不仅能通过建筑布局满足居住者视野和休闲的功能要求，还能通过其中景观、小品的营造和布局，体现人居中自然、亲近和交往的心理感受，这也是最近几年庭院式建筑受到市场追捧的原因。

居住本质的回归——围合式庭院生活，创造都市“孤独症”的治愈私密性，归属感超大尺度的庭院绿化。

都市生活的升华——建设新区滨水 RBC。BC 模糊了纯“功能主义”给城市带来的人为界线，是一种与信息时代强调交流，强调人文气息的生活方式相联系的城市新区混合功能区域，将商务、商业、酒店、生态居住等功能合理混合，实现都市“24 小时活力区”。

会呼吸的城市生态细胞——全面的生态规划。将宜化新天地与大桥新区“三湖一山”的环境资源有机融合，创造基地内和周边环境的高品质与可持续性发展。全面生态规划的目标在于将宜化新天地打造成一个能自主呼吸的“城市生态细胞”，具有独立完整的生态内循环与广泛的环境适应性。

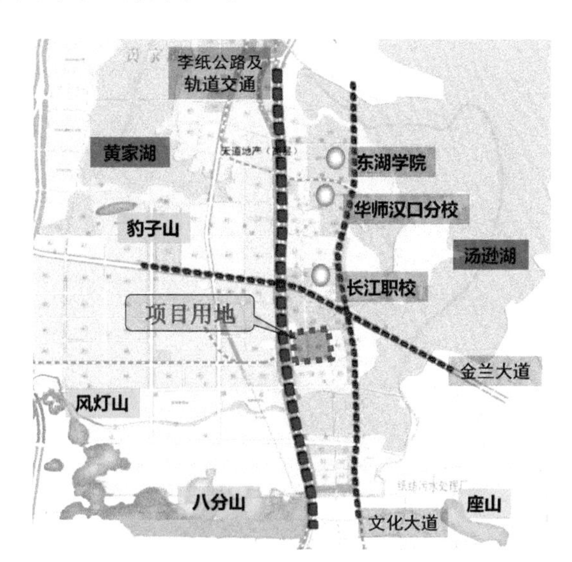

项目用地

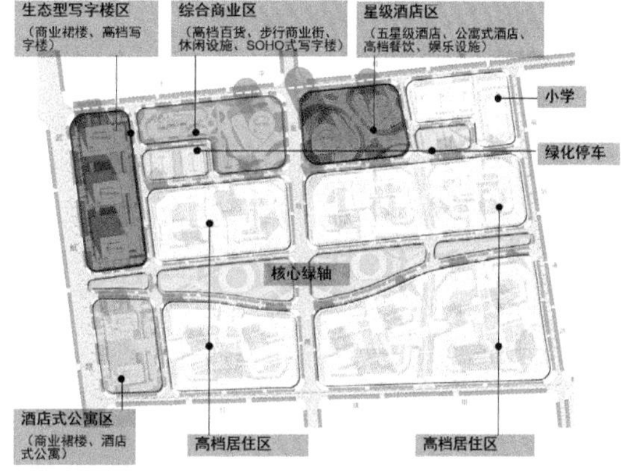

项目功能区规划

04/ 应用效果

以自然生态景观格局为基础，结合区域规划蓝图，打造“一轴带五区”的项目总体框架。社区内外交通通过社区主次出入口与城市道路进行衔接，尽量避免城市交通对项目的干扰。社区内部，公共建筑带来的动态交通与居住社区的静态交通自成体系，互不干扰。景观部分形成“两轴串五区，四点衔八星”的格局。

通过周边环境资源和项目内部人造景观的结合，营造具有滨水特色的绿化景观体系。充分考虑区域及社区内部人群的景观需要，最大可能为城市营造良好的休闲、娱乐的绿化景观环境。区域空间景观资源丰富，有黄家湖、汤逊湖等湖泊景观资源与豹子山、风灯山、八分山、座山等山体景观资源。

用地东侧沿现状李纸公路远期规划有轨道交通 7 号线，东侧有现状的生活性干道文化大道，北侧有即将建成的金兰大道。汤逊湖风景区占地面积近 32 万 km^2，为国家 AA 级旅游景区。谭鑫培公园是国内最大的京剧主题公园，公园占地面积 3000 余亩，规划建设大剧院、谭鑫培纪念馆、古戏楼、大酒店等建筑。

整体鸟瞰图

生态写字楼透视图

星级酒店透视图

桃花溪流域总体概念规划

01/ 项目概况（项目背景）

桃花溪北起黑麋峰南的石头坡，南至捞刀河口，全长 14.1km，是长沙市开福区重要的水域保护资源，是全区乃至全市少有的优良生态资源。规划范围为桃花溪流域及沿岸约 30.03km^2 的范围。

为贯彻落实“绿水青山就是金山银山”的发展理念，长沙市自然资源与规划局、开福区政府共同组织编制桃花溪流域概念规划。该项目被列入长沙市生态修复、城市修补的重要项目。

实景照片

02/ 目标定位（规划构思）

本项目在城市双修及新文旅时代的发展机遇下，集生态治理、文化挖掘、工业旅游、乡村建设、产业拓展等产城融合功能为一体，按照“让河流休养生息，让生态流入城市，让文旅融入生活”的理念，打造新“生态 + 文旅”创新体验区和环境友好的流域统筹发展示范区，走“生态文旅 +”的跨界融合之路。

03/ 规划内容 & 技术创新

按照“山水林田湖草”命运共同体理念，主要规划了包括桃花溪流城生态治理、土地梳理、产业策划三方面的内容。

1. 水生态治理方法

以生态防洪防枯为基础、以流域生态环境改善为核心、以美化生态景观为表现形式的综合治理。

生态防洪防枯：以《长沙市开福区金竹河及周边水系规划》为依据，确定不同区段的防洪标准，以现状河道断面为基础，确定河道水位规划，确定恰当的河道蓝线和绿线保护范围，并针对季节性河流确定防枯工程及水源维系措施。

水污染综合治理：结合流域内现状污染，通过城镇、农村污水治理、面源污染治理、底泥污染治理、湿地生态修复等工程技术措施，达到污染治理的效果。

景观建设与打造：实现水安全、生态安全的前提下，挖掘当地景观特色，因地制宜打造核心、健康、可持续发展的景观体系。

水生态治理具体方法：

1）结合现状河道，建立生态廊道系统，为河道建立安全的涵养绿带。

2）恢复河道自然岸线，设置生态堤岸，增强河道自净能力。

3）依托河道设置湿地净化区，拦截城市雨污，保证河道水质。

4）建立自然积存、自然渗透、自然净化的“海绵城市”。

5）丰富河道植被群落，营造生境空间。

2. 土地情况梳理

对土地利用现状情况、权属情况、规划情况进行三者叠加，结合产业发展方向及文化景点策划，梳理水系及考虑产城配套，局部调整用地性质。

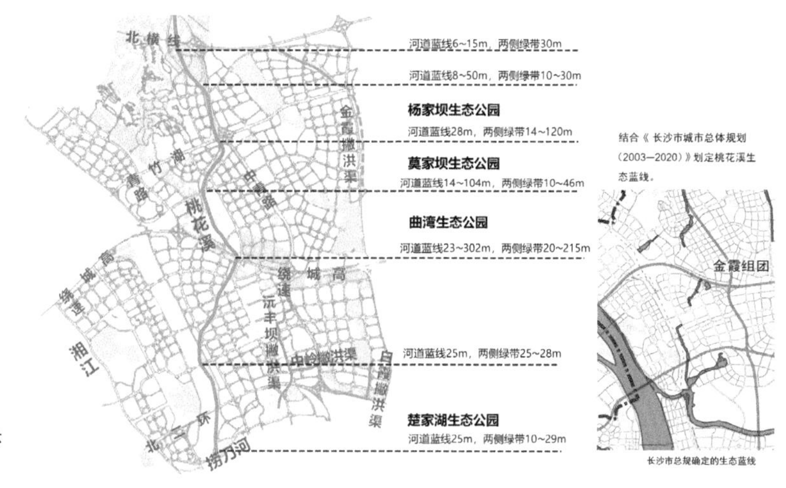

河道蓝线及防护绿线示意图

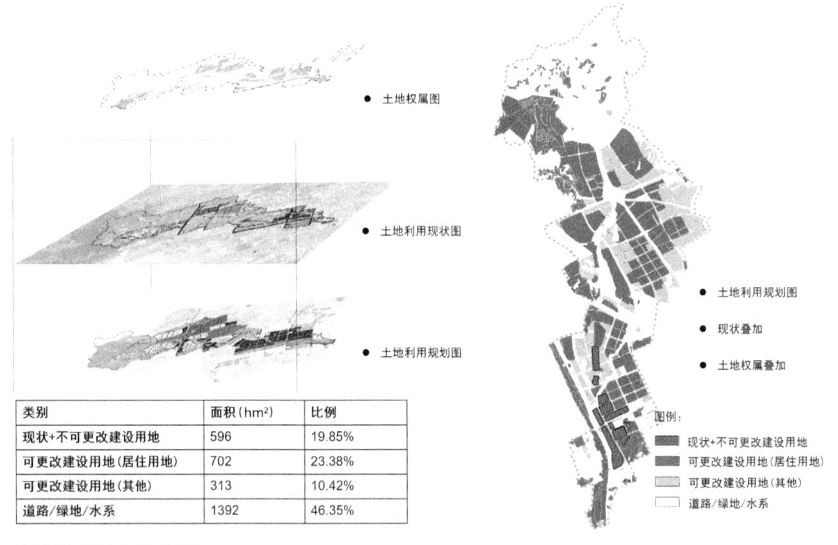

类别	面积（hm^2）	比例
现状+不可更改建设用地	596	19.85%
可更改建设用地（居住用地）	702	23.38%
可更改建设用地（其他）	313	10.42%
道路/绿地/水系	1392	46.35%

土地情况筛查示意图

3. 产业布局策划

"生态立区，产业兴城"

生态文旅+**新康养**	康养+休闲养生
生态文旅+**新科技**	科技+产业联动
生态文旅+**新居住**	居住+主题乐园
生态文旅+**新商贸**	商贸+智慧商圈
生态文旅+**新文创**	文创+工业研学

产业结构规划

在新生态文旅时代背景下，形成人、城、水、绿和谐共生的“生态 + 文旅”特色产业，打造“生态文旅 +” 五大产业板块，即生态文旅 + 新康养、生态文旅 + 新科技、生态文旅 + 新居住、生态文旅 + 新商贸、生态文旅 + 新文创。

结合开福区福文化，重构桃花溪的生态系统，沿溪以绿道的方式组织内部流线，打造桃花溪八景，以景点串联功能区，衔接周边场地，互相带动，构建新型城市都市休闲新空间。

桃花诗：以桃花诗串联桃花八景，“禅院门外牧歌稀，云梦水泽寻桃源。误入秘境得小镇，栖居乐水绘荷韵。闲时漫步碧溪庭，兴起泛舟隐竹翠。借问好景何处寻，桃花溪畔现春晖。”

桃花景：依托桃花诗打造八景串珠、板块联动的文化景观结构。以桃花溪八景写就一幅流动的城市山水画卷，八景为枕水禅院、山野牧歌、研学湿地、十里桃林、秘境酒店、大悦小镇、荷韵藕香、竹隐创园。

桃花桥：结合桃花溪八景打桃花十二福桥，它不仅仅是一种城市交通载体，更是城市生活中的一道风景，与美丽的桃花溪相得益彰，成为桃花溪流域的独特气质。

桃花溪八景布点及规模

序号	名称	规模（亩）
1	枕水禅院	325
2	山野牧歌	552
3	研学湿地	280
4	十里桃林	200
5	秘境酒店	40
6	大悦小镇	258
7	荷韵藕香	130
8	竹隐创园	595

桃花诗示意图

桃花溪八景示意图

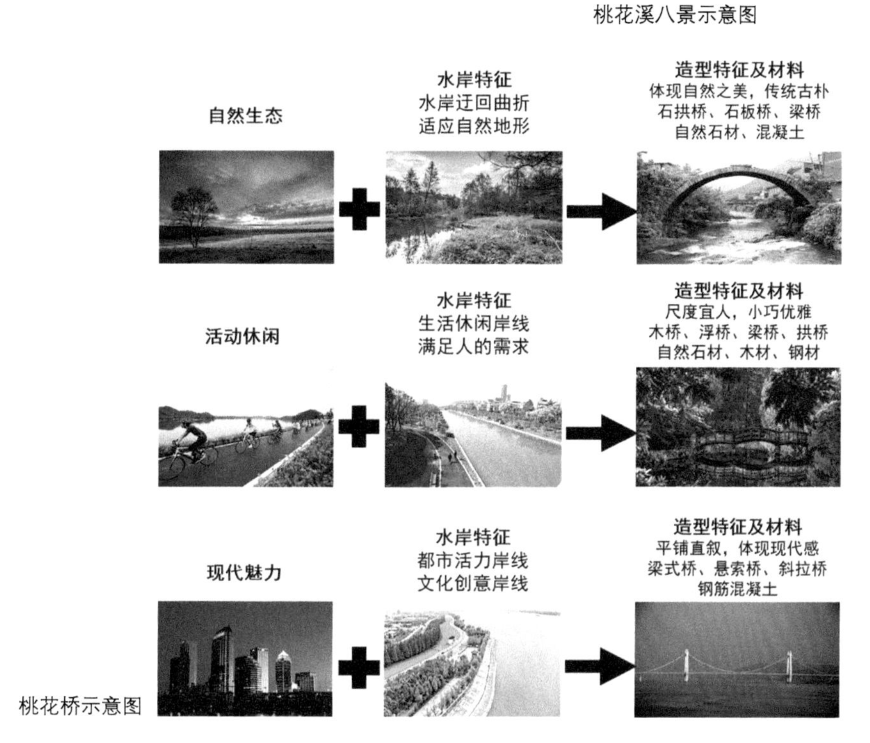

桃花桥示意图

04/ 规划实施（应用效果）

本次桃花溪流域总体概念规划以“生态优先”为原则，大力改善生态环境，全面提升城市功能，将为大城北生态宜居和产业持续提供良好的生态环境，将进一步激发城北经济社会活力，满足城乡统筹的发展需求。

规划编制完成后，对下层次控规编制具有指导意义。片区范围内关公湖片区已完成控规修改及详细设计，并开始土地出让；桃花溪流域部分河段已编制相关规划并进行水系生态修复及黑臭水体综合整治工程。

望麓园巷改造概念性规划设计

01/ 项目概况

1. 区位

项目地处长沙市历史城区保护范围内，1km 范围内可达市中心，周边拥有医疗、教育、体育、公园、广场、商业等全面且丰富的配套。

2. 历史

望麓园位于建湘中路，为一简朴平房。这里地势较高，与河西岳麓山遥遥相重，故称望麓园。

1865 年，清陕西巡抚、左宗棠副将、著名爱国将领刘典倡建望麓园，作为宁邑学子来省城进行科举考试时居住和学习的场所，又称沩宁试馆，清末改为宁乡县驻省中学堂。

1905 年，宁乡籍著名乡绅周震鳞兼任宁乡驻省中学校长，当年 28 岁的徐特立因久慕周震鳞之才气，赶来拜师。周震鳞感其诚意，破格批准他免试入速成师范班学习。

1916 年，青年刘少奇曾就读于此。

1921 年，在此开办“长沙织布厂”，为党筹措活动经费。

1922 年，宁乡籍的革命家何叔衡、姜梦周租下这里的食堂和几间杂屋，作为中共湘区委员会的秘密活动场所。

1926 年，毛泽东考察湘中五县农民运动，与杨开慧居住于此并在此撰写著名的《湖南农民运动考察报告》。

1938 年，发生大火，该校舍被毁。

1954 年，长沙市政府以其所具有的红色价值，予以重建。

1975 年，对旧址宣传陈列内容做了修改和补充，展出文物复制品、图表、家具、生活用品 80 多件。

1999 年，城市改建，照片上的建筑被拆除，仅留街口一线墙垣。

02/ 目标定位

1．设计理念

有机更新：对城市中破败的建筑物等客观存在实体的改造，以及对各种生态环境、空间环境、文化环境、视觉环境、游憩环境等的改造与延续。历史街区更新中出于功能的需要添加新的建筑和对质量较差的老旧建筑进行改造甚至拆除是必要的，但应合理控制新旧建筑之间的比例，不要破坏街区的传统风貌。

延续城脉：城脉包含城市肌理及其文化脉络。对街区内的文物保护单位、历史建筑、街道、古树等要保护其真实的本身，对其历史风貌有冲突的、需要更新改造的部分，可以改变其本身，在创作中采用主动保护的方式与历史环境相协调。在对街区内建筑改造的同时也要注重社区精神的保留与塑造，延续街区内的生活氛围及文化记忆，以达到调整性再生的目的。

2．设计方法

微动态：老城区的保护与更新是一个长期的、持续的行为。古老街区、建筑和生活方式重新恢复生机需要一个缓冲期。这种保护性更新显然不可能通过工地似的快速拆建而达到。历史沿革资料通过不断的收集与置换，齐全后形成有机的重塑。

微循环：是一种小规模渐进式循环改造方式，既可更好地保护传统建筑、街巷肌理、人文风情，微循环改造方式又可发挥多样性法则，使旧城改造避免“一刀切”，还可以较快速地启动核心区或形象区。

微手术：是指街区或者建筑、院落大格局不动的前提下，通过不断充实的史实资料对其进行相应的细部完善性改造或者修缮保养。

03/ 规划内容 & 技术创新

1．更新手法

组织更新单元，针灸式更新方法：通过对现状建筑及街巷的梳理，划分合理的更新单元，再以每一个更新单元为基础进行针灸式更新，更好地留住原住民，保护街区整体风貌和生活氛围，减小更新压力。

2．概念方案推演

人居改善：保障人居环境的安全性便捷性、满足市民生活居住的品质要求。

社区营造：完善城市生活所需的配套功能、创造尺度适宜的公共开敞空间、激发独特社区文化和场所精神。

活力发展：评估历史风貌并梳理文化脉络、进行具有针对性的保修改拆建、合理导入业态，形成自身“造血链”。

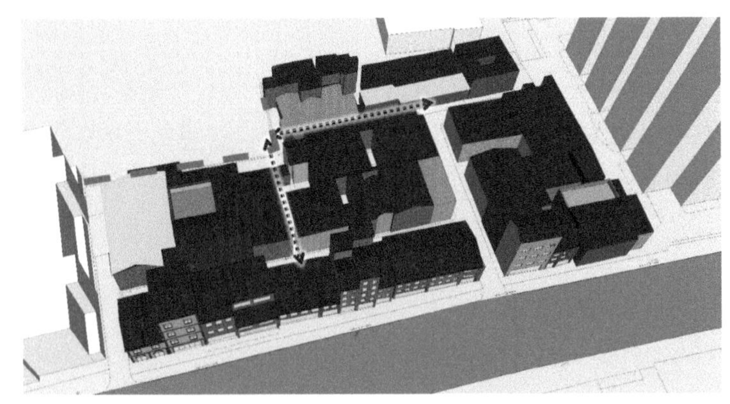

人居改善 1

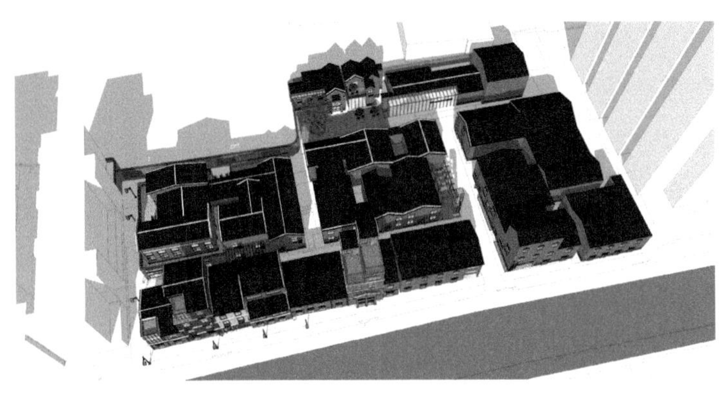

人居改善 2

社区营造

活力发展

04/ 规划实施

规划实施